Manu Sam
Radhika Nachimuthu

Efeito do tratamento térmico no compósito de cobre funcionalmente graduado

Manu Sam
Radhika Nachimuthu

Efeito do tratamento térmico no compósito de cobre funcionalmente graduado

Um FGM de cobre para rolamentos de motores eléctricos

ScienciaScripts

Imprint
Any brand names and product names mentioned in this book are subject to trademark, brand or patent protection and are trademarks or registered trademarks of their respective holders. The use of brand names, product names, common names, trade names, product descriptions etc. even without a particular marking in this work is in no way to be construed to mean that such names may be regarded as unrestricted in respect of trademark and brand protection legislation and could thus be used by anyone.

Cover image: www.ingimage.com

This book is a translation from the original published under ISBN 978-620-2-06206-0.

Publisher:
Sciencia Scripts
is a trademark of
Dodo Books Indian Ocean Ltd. and OmniScriptum S.R.L publishing group

120 High Road, East Finchley, London, N2 9ED, United Kingdom
Str. Armeneasca 28/1, office 1, Chisinau MD-2012, Republic of Moldova, Europe
Managing Directors: Ieva Konstantinova, Victoria Ursu
info@omniscriptum.com

Printed at: see last page
ISBN: 978-620-8-50782-4

RECONHECIMENTO

Antes de mais, agradeço sinceramente ao Todo-Poderoso por todas as bênçãos que nos foram concedidas durante este período.

I gostaria de expressar a mais profunda gratidão ao meu orientador de projeto, Dr. N Radhika, Professor Associado, Departamento de Engenharia Mecânica, Escola de Engenharia de Amrita, Coimbatore, pelos seus valiosos contributos e orientação ao longo do projeto e durante a preparação do meu relatório de projeto, sem os quais este projeto teria sido uma realidade distante. Os autores estão verdadeiramente gratos à Organização de Investigação e Desenvolvimento da Defesa (DRDO) pelo apoio financeiro.

Estou também grato à Dra. S. Thirumalini, Professora e Presidente do Departamento de Engenharia Mecânica, Amrita School of Engineering, Coimbatore, pela oportunidade e motivação para realizar este projeto.

Gostaria de agradecer ao painel de avaliação Dr. Joshi C Haran, Professor Associado e Coordenador de Projeto, Sr. D Senthil Kumar, Professor Assistente e Coordenador de Projeto, Sr. S Sreehari, Professor Assistente e Coordenador de Projeto, Departamento de Engenharia Mecânica, Escola de Engenharia de Amrita, Coimbatore, pelos seus comentários construtivos e apoio indispensável para o sucesso do meu trabalho.

Agradeço a toda a equipa de laboratório e às faculdades do Departamento de Engenharia Mecânica da Escola de Engenharia de Amrita, Coimbatore, pelo seu apoio e cooperação eternos.

Com o entendimento de que um trabalho como este nunca pode ser o resultado de uma única pessoa, agradeço também aos meus pais, irmão (família), colegas de turma e amigos pela vossa ajuda e apoio.

RESUMO

Este estudo procura melhorar o comportamento mecânico, a resistência à corrosão e o desgaste adesivo do compósito de matriz metálica Cu-Sn-Ni/Al O_{23} com graduação funcional através de tratamento térmico. Foram utilizadas 10 wt% de partículas de Al O_{23} com um tamanho médio de 10μm como reforço no fabrico do compósito, utilizando o processo de fundição centrífuga horizontal. Foi fabricado um molde cilíndrico oco com uma espessura de parede de 15 mm, com altura e diâmetro de 100 mm cada, semelhante a rolamentos. É necessário melhorar a resistência mecânica e ao desgaste da camada interior do rolamento e estas propriedades podem ser melhoradas através do processo de tratamento térmico. As amostras da periferia interior do compósito fabricado foram submetidas a uma solução a 6200C durante 60 minutos, seguida de têmpera em água e envelhecimento a diferentes temperaturas (400, 450 e 5500C) com diferentes tempos (1, 2 e 3 horas). A combinação paramétrica óptima (4500C/3hrs) com dureza máxima (269HV), observada na zona interior (9-15 mm) foi considerada para análise posterior. Foi obtida uma resistência à tração de 172,28 MPa para a amostra tratada termicamente em condições óptimas, utilizando uma máquina de ensaios universal.

A análise fractográfica foi realizada na superfície fracturada da amostra de tração utilizando um microscópio eletrónico de varrimento. A resistência ao desgaste por deslizamento a seco da camada interior foi experimentada utilizando o tribómetro pin-on-disc baseado na matriz ortogonal L27 de Taguchi, utilizando três parâmetros de processo variáveis, tais como cargas aplicadas (10, 20 e 30 N), distâncias de deslizamento (500, 1000 e 1500 m) e velocidades de deslizamento (1, 2 e 3 m/s). Os parâmetros óptimos (carga=10N, velocidade=2m/s e distância=500m) foram determinados utilizando a relação sinal-ruído, selecionando as caraterísticas "mais pequenas que as melhores" para a taxa de desgaste. A análise de variância previu a maior influência da carga (41,67%), seguida da velocidade (20,83%) e da distância (8,33%), sobre a taxa de desgaste. A tendência mostra que a taxa de desgaste aumentou com a carga e a distância, enquanto diminuiu inicialmente e depois aumentou com a velocidade. A análise ao microscópio eletrónico de varrimento das superfícies desgastadas permitiu prever o mecanismo de desgaste, observando que ocorreu mais delaminação devido ao aumento da área de contacto quando a carga aplicada aumentou de 10 N para 30 N. Os resultados da análise permitem inferir que o tratamento térmico melhorou a resistência à corrosão do compósito até 20% e a dureza até 5% em comparação com a fundição, tornando-o assim adequado para aplicações de suporte de carga.

ÍNDICE DE CONTEÚDOS

Capítulo 1 5

Capítulo 2 17

Capítulo 3 25

Capítulo 4 39

Capítulo 5 60

Capítulo 1

INTRODUÇÃO

Os materiais com propriedades superiores encontraram sempre o seu espaço na procura mundial através da engenharia moderna. Os novos materiais conferem frequentemente propriedades únicas superiores aos seus materiais fundamentais. Os materiais compósitos tornam este conceito verdadeiro e o reforço numa matriz contribui para o aumento das propriedades. Os materiais compósitos são materiais de grande impacto que encontram cada vez mais aplicações nos domínios aeroespacial, militar, dos transportes, das comunicações, da tecnologia híbrida, da eletrónica, do lazer, do desporto e de muitos outros produtos comerciais e de consumo. Estas propriedades desejáveis podem ser melhoradas, nomeadamente através de procedimentos de tratamento térmico. Os compósitos de matriz metálica, juntamente com o conceito de graduação funcional, facilitam o desenvolvimento de produtos com base na aplicação. O tratamento térmico prevê a melhoria das propriedades mecânicas, tribológicas e de corrosão na zona interior dos rolamentos.

1.1 Conceito de materiais compósitos

A vantagem de combinar diferentes materiais numa proporção definida faz com que os compósitos se comportem de uma forma desejável através da supressão de propriedades indesejáveis. Os materiais compósitos são normalmente subclassificados com base no constituinte da matriz e nas formas de reforço, como os compósitos reforçados com fibras, os compósitos laminares e os compósitos de partículas, que podem também incluir nanocompósitos. Os compósitos reforçados com fibras (FRP) podem ser de dois tipos, com fibras descontínuas ou contínuas. As propriedades dos compósitos dependem principalmente das propriedades das fases, da geometria da fase dispersa (tamanho das partículas, distribuição, orientação) e da quantidade de fase. A resistência superior do cobre à fluência, que é 25 vezes superior à do aço, torna-o mais adequado para a aplicação de chumaceiras de carga constante.

Os compósitos de matriz metálica (MMC) ganharam recentemente uma atração crescente na fraternidade da investigação, devido à sua maior resistência microestrutural, resistência à fratura e rigidez oferecidas pelos compósitos de matriz metálica em comparação com os seus homólogos compósitos poliméricos. Quase todos os metais e ligas podem ser utilizados como elementos de matriz, mas requerem materiais de reforço que sejam estáveis numa gama de temperaturas e também não reactivos. Não deve ocorrer qualquer reação química indesejável na interface entre a matriz e o reforço. Esta reação pode levar à formação de compostos intermetálicos na interface que podem causar um efeito indesejado e perigoso de transferência de carga para os reforços, que também podem atuar como locais de nucleação de fissuras. Os compósitos de matriz metálica podem ser constituídos por reforços contínuos ou descontínuos ou por uma combinação de ambos. Os compósitos reforçados de forma descontínua têm também melhores propriedades isotrópicas do que os compósitos reforçados de forma contínua, devido ao menor rácio de aspeto e à orientação mais aleatória dos reforços. Nos compósitos, a resistência e a rigidez tendem a aumentar à medida que o comprimento do reforço aumenta. Os compósitos reforçados com partículas são isotrópicos, tendo as mesmas propriedades mecânicas em todas as direcções. Os MMCs também têm algumas caraterísticas indesejáveis quando comparados com os metais. As principais são o custo mais elevado de fabrico de MMCs de elevado desempenho e a menor ductilidade e tenacidade. Os compósitos de matriz metálica com elevada rigidez e resistência específicas podem ser utilizados em aplicações em que a leveza é um fator importante. Incluem-se nesta categoria aplicações como robots, maquinaria de alta velocidade e veios rotativos de alta velocidade para navios ou veículos terrestres. As boas caraterísticas de resistência ao desgaste, juntamente com as elevadas propriedades mecânicas, também favorecem a utilização da MMC no sector automóvel, como peças de motor e de travões. As propriedades vantajosas do coeficiente de expansão térmica e da condutividade térmica tornam-nos uma boa matéria-prima para lasers, maquinaria de precisão e aplicações electrónicas. Em comparação com os metais não reforçados, os MMC oferecem maior resistência e rigidez específicas, resistência final, boa maquinabilidade, rigidez específica, resistência ao desgaste, resistência à corrosão e módulo de elasticidade, para além de uma temperatura de funcionamento mais elevada e uma maior resistência ao desgaste. As limitações dos compósitos de matriz polimérica a temperaturas elevadas podem ser ultrapassadas utilizando compósitos de matriz metálica.

O cobre pode ser preferido como elemento de matriz devido às suas propriedades de elevada ductilidade e elevado ponto de fusão. Os MMCS de cobre foram normalmente desenvolvidos com o objetivo de obter propriedades físicas e mecânicas para aplicações específicas, tendo sido sujeitos a estudos de corrosão casuais como uma reflexão posterior. O cobre, quando reforçado com óxidos, carbonetos, boretos, etc., melhora as propriedades mecânicas, especialmente a resistência ao desgaste dos MMCS. Nos últimos anos, foram feitas várias tentativas para reforçar as MMC de cobre, a fim de melhorar as propriedades mecânicas e eléctricas, concentrando-se principalmente na metalurgia do pó, na fundição e nas ligas de cobre amorfo que utilizam Ti como reforço. Foram também realizados outros esforços utilizando TiB_2, Nb, Al_2O_3, Ti3AlC2 e partículas intermetálicas Al-Cu-Fe como reforço. O cobre, quando revestido com níquel, também conduziu a uma maior resistência ao desgaste de 20-40%. Os principais parâmetros que afectam as propriedades mecânicas são a dimensão do grão, o reforço homogéneo, a forte ligação entre a matriz e o reforço, etc. A formação de aluminato de cobre melhorou a ligação entre o cobre e a alumina.

1.2 Materiais funcionalmente graduados (FGM)

Material moderno e avançado, o Material Funcionalmente Graduado (FGM) caracteriza-se pela variação dimensional das suas propriedades. As propriedades globais do FGM são únicas e diferentes de qualquer um dos seus constituintes individuais que o formam. Existe um vasto leque de aplicações para os MGF e espera-se que esse leque aumente à medida que os custos de processamento dos materiais e dos processos de fabrico forem sendo reduzidos através da melhoria das técnicas de processamento. Para reduzir as concentrações locais de tensão induzidas por transições abruptas nas propriedades dos materiais, o conceito de materiais funcionalmente graduados (FGM) foi desenvolvido por investigadores japoneses (em meados da década de 1980). O resultado de um gradiente uniforme de constituintes na matriz conduz a uma redução considerável da gravidade das tensões interfaciais e à preservação da resistência estrutural e da ductilidade. Normalmente, os FGMs são fabricados a partir de uma mistura de metais e cerâmicas e são caracterizados de forma a que a composição de cada constituinte e a sua fração de volume sejam alteradas gradualmente. Com a variação gradual da fração volumétrica dos materiais constituintes, as propriedades dos materiais apresentam uma mudança suave e contínua de uma superfície para outra, o que elimina os problemas de interface e reduz as concentrações de tensões térmicas. Os materiais podem ser concebidos para funções e aplicações específicas. Para fabricar os materiais funcionalmente graduados, são utilizadas várias abordagens baseadas no processamento a granel (processamento de partículas), processamento de pré-formas, processamento de camadas e processamento de fusão. O material funcionalmente graduado elimina as interfaces afiadas existentes no material compósito, onde geralmente se iniciam as falhas. Substitui a interface autónoma por uma interface gradiente que produz uma transição suave de um material para o outro. Uma das caraterísticas únicas do FGM é a capacidade de adaptar um material a uma aplicação específica.

Com base no seu processo de fabrico, os materiais funcionalmente graduados podem ser divididos em dois grandes grupos: FGM finos e FGM em massa. Os FGM finos são secções relativamente finas ou revestimentos superficiais finos, ao passo que os FGM a granel são materiais volumosos que exigem processos mais intensivos em termos de mão de obra. Os FGM de revestimento fino são produzidos por deposição física ou química de vapor (PVD/CVD). São também utilizadas outras técnicas como a pulverização por plasma, a síntese auto-propagante a alta temperatura (SHS), etc. Os FGM a granel são produzidos utilizando a técnica de metalurgia do pó, o método de fundição centrífuga, a tecnologia de forma livre de sólidos, etc. Os materiais com classificação funcional têm grande procura em áreas como a aeroespacial, automóvel, medicina, desporto, etc. À medida que o processo de fabrico é melhorado, o custo do pó é reduzido e o custo global do processo é reduzido, expandindo assim a aplicação de FGM. Dada a importância dos FGM, estão a ser desenvolvidos muitos esforços de investigação para melhorar o processamento dos materiais, o processamento do fabrico e as propriedades dos FGM.

Os FGM actuam como uma camada de interface para ligar dois materiais incompatíveis, o que pode aumentar consideravelmente a resistência da ligação. O revestimento e a interface de FGM podem ser utilizados para reduzir a tensão residual e a tensão térmica. O revestimento de FGM pode ser utilizado para ligar dois materiais constituintes fisicamente distintos, a fim de eliminar a tensão na interface e a singularidade da tensão no ponto final. O revestimento com FGM não só aumenta a resistência das ligações, como também reduz a força motriz das fissuras. Os FGM têm também a capacidade de controlar a deformação, a resposta dinâmica, o desgaste, a corrosão, etc. A FGM também oferece a oportunidade de aproveitar as vantagens de diferentes sistemas de materiais, por exemplo, cerâmicas e metais. As cerâmicas têm boa resistência térmica, ao desgaste e à oxidação (ferrugem), ao passo que os metais têm uma resistência superior à fratura, alta resistência e capacidade de ligação.

Há algumas questões que precisam de ser estudadas mais aprofundadamente para serem resolvidas, principalmente nos seguintes aspectos: deve ser desenvolvida uma base de dados adequada de material gradiente (incluindo sistema de material, parâmetros, preparação de material e avaliação de desempenho). É ainda necessária mais investigação e análise das propriedades físicas do modelo de material. É necessário estabelecer a estrutura microscópica e a relação quantitativa entre as condições de preparação, a fim de prever com exatidão e fiabilidade as propriedades físicas dos materiais com gradiente. A investigação deve centrar-se na variação do material com gradiente no que diz respeito ao relaxamento da tensão térmica do material, bem como manter o caminho aberto para uma variedade de aplicações de engenharia. Ainda é necessário melhorar a teoria do continuum, a teoria quântica (discreta), a teoria da percolação e o modelo de microestrutura, e confiar na simulação computorizada das propriedades do material para uma previsão teórica específica. Os materiais com gradiente funcional preparados são amostras de pequenas dimensões e estrutura simples. Ainda é necessário desenvolver mais materiais baseados em aplicações. Os custos totais de preparação são elevados. Os desafios dos FGM incluem a produção em massa, o controlo da qualidade, os custos, etc.

1.3 Fundição centrífuga

O método centrífugo é um método em que a força da gravidade é utilizada, através da centrifugação do molde, para formar material a granel funcionalmente graduado. Mas este processo é precedido por um processo primário chamado Stir Casting. **O Stir Casting** é um tipo de método de estado líquido utilizado para o fabrico de materiais compósitos. Aqui, a fase dispersa (partículas cerâmicas, fibras curtas) é misturada com uma matriz metálica fundida por meio de agitação mecânica. A fundição por agitação é o método de fabrico mais simples e mais económico para a aplicação em rolamentos. *Caraterísticas como o* conteúdo da fase dispersa são limitadas (normalmente não mais de 30 vol. %) para a fundição por agitação. A distribuição da fase dispersa pela matriz resulta numa homogeneidade imperfeita. A aglomeração causa nuvens locais (aglomerados) das partículas dispersas (fibras). Isto ocorre devido à segregação por gravidade da fase dispersa devido a uma diferença nas densidades da fase dispersa e da matriz. A tecnologia é relativamente simples e de baixo custo. A distribuição da fase dispersa pode ser melhorada se a matriz estiver em estado semi-sólido. O material semi-sólido altamente viscoso da matriz permite uma melhor mistura da fase dispersa.

Para o fabrico de material compósito por fundição por agitação (Fig.1.), é essencial conhecer os seus parâmetros de funcionamento. Existem vários parâmetros de processo que, se forem corretamente controlados, podem conduzir a caraterísticas melhoradas do material compósito. São eles a "velocidade de agitação", que é o parâmetro de processo mais importante, uma vez que a agitação é necessária para ajudar a promover a molhabilidade, ou seja, a ligação entre a matriz e o reforço. A velocidade de agitação tem um controlo direto sobre o padrão de fluxo do metal fundido. Um fluxo paralelo não promoverá uma boa mistura do reforço com a matriz. Por conseguinte, o padrão de fluxo deve ser um fluxo de turbulência controlada. O padrão de fluxo do metal fundido da direção interior para a direção exterior é considerado o melhor. No nosso projeto, fixámos a velocidade de agitação no intervalo de 300-600 rpm. Outro fator é a "temperatura de agitação", que está relacionada com a temperatura de fusão da matriz, ou seja, o cobre. O cobre funde-se geralmente a 10850C. A temperatura de processamento influencia a viscosidade da matriz de cobre. A alteração da viscosidade influencia a distribuição das partículas na matriz. A viscosidade do líquido diminui com o aumento da temperatura de processamento e com o aumento do tempo de espera e de agitação. Além disso, o "Tempo de agitação" promove a distribuição uniforme das partículas no líquido e cria uma ligação perfeita entre o reforço e a matriz. O tempo de agitação entre a matriz e o reforço é considerado como um fator importante no processamento do compósito. Para uma distribuição uniforme do reforço na matriz, o padrão de fluxo do metal deve ser do exterior para o interior.

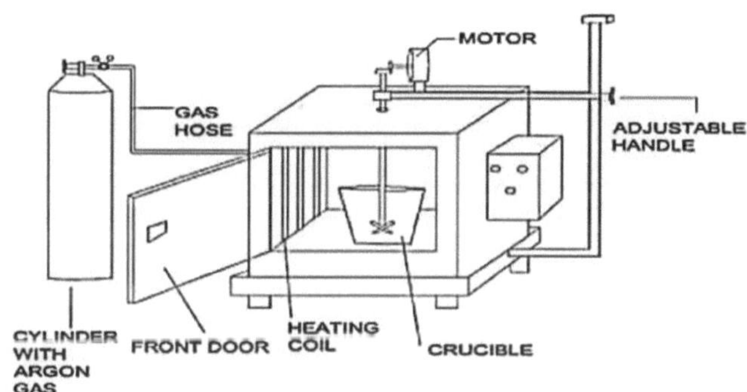

Figura 1. Aparelho de fundição por agitação.

Quando este metal fundido por agitação é vertido para um molde rotativo de comprimento específico, podem ser feitas fundições cilíndricas, este processo é designado por fundição centrífuga. A fundição centrífuga pode ser utilizada para fundições de compósitos de matriz metálica (MMC), uma vez que esta fundição pode ser utilizada para aplicações de rolamentos.

Esta técnica produz material graduado utilizando a diferença nas densidades do material e a rotação do molde. Embora seja possível obter uma gradação contínua utilizando o método centrífugo, apenas podem ser formadas formas cilíndricas, como se mostra na Fig. 2. Outro problema do método centrífugo é o facto de haver um limite para o tipo de gradiente que pode ser produzido, porque o gradiente é formado através de um processo natural (força centrífuga e diferença de densidade). Os investigadores estão a utilizar um método de fabrico alternativo conhecido como forma livre sólida para resolver estes problemas.

Figura 2. Máquina de fundição centrífuga horizontal.

1.4 Tratamento térmico

O tratamento térmico é uma operação sequencial de tratamento térmico da amostra a uma temperatura e duração variáveis, mantendo uma condição controlada. A taxa de variação de factores variáveis como a temperatura, o tempo de duração do tratamento térmico, a área de superfície de exposição, o modo de transferência de calor, etc., tem um efeito intenso nas suas propriedades microestruturais. As propriedades mecânicas e tribológicas de um metal dependem principalmente das propriedades microestruturais. O tratamento mecânico, químico e térmico modifica frequentemente as propriedades inerentes ao material, tornando-o mais adequado para a aplicação para a qual foi desenvolvido. A modificação da composição e da distribuição das fases torna-o possível. O procedimento para o tratamento térmico envolve o aquecimento do material a uma temperatura definida, mantendo-o durante um período de tempo desejável e, em seguida, extinguindo-o num meio adequado. Neste caso, a água é considerada como um meio de arrefecimento adequado. Este processo é geralmente efectuado no estado sólido. O tratamento térmico é efectuado para melhorar a ductilidade, aliviar as tensões internas e refinar a estrutura do grão e para melhorar as propriedades mecânicas como a dureza e a resistência à tração. O processo de aquecimento do material a uma temperatura pré-definida é designado por solubilização. O arrefecimento rápido é designado por têmpera. O passo final de aquecimento e manutenção do material a alta temperatura é conhecido como envelhecimento. Foram utilizadas diferentes combinações de temperatura e tempo de envelhecimento para determinar a condição óptima que confere as propriedades mais desejáveis e adequadas à aplicação.

1.4 Comportamento mecânico e tribológico

O desenvolvimento do compósito centra-se principalmente nos rolamentos de carga constante. Estes rolamentos são utilizados principalmente em rolamentos de motores eléctricos de veículos eléctricos. As chumaceiras de carga constante são concebidas principalmente para superar a fluência, que ocorre sobretudo devido à exposição prolongada a uma carga aplicada constantemente. O cobre oferece uma resistência à deformação 25 vezes superior à do alumínio. Além disso, o cobre é bem conhecido como um agente de endurecimento que mantém os elementos de liga firmemente dentro da matriz, evitando a desertificação. A dureza e a resistência à tração são as duas principais propriedades mecânicas analisadas para este compósito.

O desgaste é a perda progressiva de substância da superfície de um corpo sólido causada por uma ação mecânica relativa. A amostra de material é colocada no disco de aço rotativo com parâmetros variáveis como carga, distância de deslizamento e velocidade de deslizamento. Os factores que afectam as propriedades tribológicas foram classificados com base na sua relação S/N. A percentagem de influência de cada parâmetro tribológico foi determinada utilizando a tabela ANOVA. A análise da superfície desgastada foi efectuada utilizando imagens de microscópio eletrónico de varrimento (SEM). Cada imagem mostra o mecanismo de desgaste de cada amostra. Com base na aplicação do rolamento, existe um elevado requisito de resistência ao desgaste na camada interior. O conceito de FGM ajuda a trazer as partículas de reforço para a camada interior e a melhorar estas propriedades.

1.5 Comportamento corrosivo de compósitos de cobre

Os principais materiais existentes para o fabrico de rolamentos para motores eléctricos são o cobre e o aço inoxidável, que são utilizados principalmente para os anéis internos. Outros materiais existentes são o aço carbono-crómio, ZrO2 e Si3N4 para as esferas dos rolamentos, e também Cu25Pb3.5Sn para aplicações de carga pesada. As chumaceiras de bronze são frequentemente vulneráveis à corrosão eletroquímica. Estes materiais pré-existentes enfrentam frequentemente uma série de desafios para uma mobilidade bem sucedida. Alguns dos mais predominantes são os problemas causados por lubrificação e cargas incompatíveis. O fenómeno de corrosão por picadas em combinação com a natureza frágil dos carbonetos de Cr-Mo foi considerado desastroso durante a fluência. A corrosão por pite também foi observada na interface do veio e da chumaceira devido à ocorrência de fugas eléctricas. Por vezes, os lubrificantes também actuam como eletrólito na interface, promovendo a corrosão eletroquímica. Outro fenómeno de corrosão observado foi devido à condensação de humidade, que, em combinação com os lubrificantes, provocou corrosão ácida ou alcalina. Prevê-se que todos estes desafios sejam ultrapassados com a utilização de alumina como reforço, que possui uma elevada resistividade eléctrica de cerca de 10^{12} Ωm. A alumina, quando trazida para a camada interior devido à ação centrífuga e à sua diferença de densidade em relação ao cobre, ajuda a ultrapassar os problemas causados pelas fugas eléctricas na interface.

1.6 Aplicações de compósitos de cobre

Os compósitos de matriz de cobre estão a ser utilizados para a conceção de radiadores, dispositivos de contacto eletrónico, peças fundidas de motores a jato e como materiais de substituição para a conceção de cabeças de cilindro, camisas e discos de travão na indústria automóvel. As vantagens competitivas dos radiadores de cobre/latão em relação aos radiadores de alumínio residem no facto de, tecnicamente, possuírem elevada condutividade térmica, elevada resistência à corrosão, elevada resistência à tração e maior ponto de fusão, menor coeficiente de expansão térmica, maior módulo de elasticidade, brasagem sem fluxo e fácil reparação. As aplicações eléctricas e electrónicas são o principal consumidor de cobre e ligas de cobre nos veículos a motor e serão responsáveis pelos maiores aumentos nos próximos cinco anos. O princípio subjacente a todos os veículos eléctricos e híbridos consiste em acionar as rodas com motores eléctricos. Quer se utilize um motor ou dois, há um aumento significativo na utilização de fio magnético de cobre. O aumento adicional do teor de cobre leva a que os acessórios passem a ser eléctricos em vez de hidráulicos. A direção assistida e a travagem são realizadas eletricamente. Os FGM têm uma vasta gama de aplicações, uma vez que proporcionam uma barreira térmica e são utilizados como revestimento protetor das lâminas das turbinas dos motores de turbina a gás. O cobre é amplamente utilizado como metal industrial e funcional para a condutividade térmica e eletrónica e para eléctrodos de soldadura por resistência, uma vez que possui uma excelente condutividade eléctrica e térmica.

Um parâmetro importante que pode diminuir a perda de atrito na chumaceira de moente e aumentar a sua vida útil é o material da chumaceira. Os materiais porosos e de baixo atrito podem aumentar a eficiência do moente. Para obter materiais de apoio com uma vida útil longa, para além de aumentar o desempenho das chumaceiras de moente, será adotado o princípio dos materiais funcionalmente graduados (FGM). Os FGM são uma nova classe de materiais compósitos, constituídos por duas ou mais fases, que são fabricados com uma composição e/ou microestrutura variável numa determinada direção espacial. Neste caso, a gradação das propriedades mecânicas, físicas e/ou químicas pode ser controlada. A grafite, como material de suporte poroso e de baixo atrito, tem um bom comportamento tribológico, mas tem baixa resistência e baixa tenacidade à fratura. Enquanto o cobre, como material de suporte, tem uma ductilidade elevada, boa resistência e um comportamento tribológico baixo. Para obter um material de suporte que tenha as vantagens da grafite e do cobre, será adotado o cobre/grafite funcionalmente graduado. Os FGM têm uma vasta gama de aplicações, uma vez que proporcionam uma barreira térmica e são utilizados como revestimento protetor das lâminas das turbinas dos motores de turbina a gás. Será adotado o método de fundição centrífuga para obter a estrutura de gradiente a partir da grafite e do cobre.

1.7 Objectivos

O principal objetivo é estudar o efeito do tratamento térmico sobre as propriedades mecânicas, tribológicas e de corrosão do compósito Cu/Al O_{23} , fundido por centrifugação e funcionalmente graduado, especialmente desenvolvido para rolamentos de carga constante utilizados em motores eléctricos de veículos eléctricos. A resistência mecânica, que inclui a dureza e a resistência à tração, deve ser suficientemente elevada para superar a fluência. As propriedades tribológicas têm de ser melhoradas para aumentar a vida útil da chumaceira e as suas propriedades dinâmicas suaves. O fenómeno de corrosão por pite exibido pelo material existente tem de ser ultrapassado utilizando este material avançado.

Capítulo 2

REVISÃO DA LITERATURA

2.1 Compósitos de matriz metálica de cobre

Uysal, M. et.al estudou a eficácia da utilização do cobre como material de matriz de base, uma vez que proporciona uma boa relação entre resistência física e mecânica e peso. O cobre e certos latões, bronzes e níqueis de cobre são amplamente utilizados em radiadores e permutadores de calor para automóveis. O desenvolvimento de compósitos de matriz de cobre baseou-se na utilização de reforços cerâmicos como $Al\ O_{23}$, Si_3N_4, SiC, B_4C e TiB2, que proporcionam elevada dureza e resistência ao desgaste, natureza refractária e relativa disponibilidade e vantagem em termos de custos. O bronze de níquel reforçado com $Al\ O_{23}$ produzido pela técnica de sinterização é um compósito de matriz metálica de cobre (MMC) que proporciona uma combinação de maior resistência e boa resistência à corrosão. A presença de $Al\ O_{23}$ torna-o um material de engenharia versátil e resistente ao desgaste que suporta cargas constantes, tornando-o mais adequado para rolamentos de motores eléctricos de veículos eléctricos. Os materiais compósitos feitos de matriz de cobre e reforços de partículas cerâmicas fornecem um material alternativo para a produção de propriedades de condutividade térmica, condutividade eléctrica e dureza relativamente mais elevadas.

Patric Huter et.al afirmaram que, nos MMCs de Cu, os materiais funcionalmente graduados (FGM) proporcionam uma interface para ligar dois materiais incompatíveis, o que pode aumentar consideravelmente a resistência da ligação. Os FGMs feitos por fundição centrífuga foram focados na redução da severidade das tensões interfaciais, na preservação da resistência estrutural e ductilidade, podendo também ser desenvolvidos para funções e aplicações específicas. Os resultados mostraram que a rigidez melhorou proporcionalmente à percentagem de adição de cobre. Para além disso, a resistência específica, o desgaste, a fluência e as propriedades de fadiga. A adição de alumina como reforço multiplicou as suas propriedades mecânicas. O estanho e o níquel adicionados melhoraram as propriedades de liga que mantêm o reforço firmemente. O níquel proporciona o refinamento de grão necessário e o estanho substitui o chumbo e proporciona as propriedades anticorrosivas.

Kenneth et.al afirmaram que os FGM são materiais de elevado desempenho, microscopicamente homogéneos, com gradientes de composição e estrutura concebidos com propriedades específicas na orientação preferida. As alterações contínuas na sua microestrutura distinguem os FGM de outros materiais compósitos tradicionais que falham através de um processo designado por delaminação em situações de carga mecânica e térmica extremas.

2.2 Efeitos da fundição por agitação

Watanabe, Y. descobriu que os compósitos fabricados com TiB revestido a cobre apresentavam menor resistividade eléctrica, maior condutividade térmica, menor CET, maior resistência à compressão, maior dureza, maior resistência ao desgaste abrasivo, maior resistência ao risco e menor porosidade do que os compósitos correspondentes fabricados com TiB não revestido.

Dinesh Paragunde et.al definiram um método de mistura em duas fases de fundição por agitação que ajudou a obter a homogeneização do material cerâmico sobre o elemento da matriz durante o fabrico de compósitos de matriz metálica. Nesta investigação, verificou-se que o carboneto de silício de fração de peso variável foi reforçado com alumínio. O teste de dureza utilizando a máquina de dureza Brinell e o teste de resistência ao impacto utilizando o teste Charpy e Izod mostraram melhorias na dureza e nas propriedades de tração com o aumento da fração de peso da cerâmica. A liga ternária Al-Cu-Fe foi fundida por centrifugação e a microestrutura dos FGMs fabricados foi examinada através da alteração das condições de fundição. A distribuição da orientação das fibras 3D em materiais compósitos tem um efeito significativo nas propriedades mecânicas e físicas dos materiais.

Lokesh G. N. et.al estudaram o efeito das propriedades de dureza, tração, compressão e impacto de compósitos de matriz metálica à base de alumínio. O metal de base alumínio reforçado com cobre foi fabricado através dos métodos de fundição por agitação e fundição por compressão. Os resultados mostraram que, com o aumento da mosca, a dureza foi melhorada e a taxa de formação de porosidade também diminuiu. Os defeitos de fundição mais comuns foram todos reduzidos.

2.3 Efeitos do tratamento térmico

Vembu V. et.al verificaram que um metal sob a forma de uma mistura mecânica à temperatura ambiente passa frequentemente a uma solução sólida ou a uma solução parcial quando é aquecido. Foi observado um aumento proporcional no valor da dureza do compósito de matriz de Al 8011 reforçado com SiCp, com um aumento da temperatura de envelhecimento até 1700C, bem como do tempo de envelhecimento até 5 horas. O tratamento térmico afecta significativamente a microestrutura, revelando as tensões internas de um compósito de cobre reforçado com carbonetos de silício, boro e titânio.

Baghel A. S. e Ridvan Y. referiram que a resposta ao envelhecimento é comparativamente elevada para materiais reforçados em comparação com materiais não reforçados durante as mesmas condições de tratamento térmico. Também referiram que as partículas finas esféricas na fundição sob pressão $CuZn_{30}$ $Al_{0.8}$ tratada termicamente, fabricada por criomilling de pós de latão e subsequente sinterização por plasma de faísca, apresentam uma nanoestrutura que melhora a resistência à fadiga.

Okayasu M. descobriu que a têmpera da liga de cuproníquel a temperaturas elevadas produzia uma estrutura martensítica extremamente dura e quebradiça (fase β) e que o envelhecimento subsequente era necessário para produzir a combinação desejada de resistência e ductilidade. Verificou-se que o grau de homogeneidade microestrutural do bronze Ni-Al e o engrossamento das fases aumentavam com o aumento da duração e da temperatura da solução, melhorando assim a sua resistência à corrosão.

Ramesh D. observou que a dureza dos compósitos de matriz metálica aumenta com o aumento da temperatura de envelhecimento até um determinado valor e depois começa a diminuir com o aumento da temperatura de envelhecimento. A dureza aumentou com o aumento das horas de envelhecimento até um determinado limite. Alumínio reforçado com partículas de frita de 0% a 10% em peso. Em seguida, é submetido a um tratamento térmico a temperaturas de envelhecimento variáveis, seguido de um ensaio de dureza. Observou-se que a dureza aumentou com o aumento das temperaturas de envelhecimento.

2.4 Comportamento de desgaste do adesivo

Aleksandar Vencl afirmou que os compósitos à base de cobre com partículas duras têm uma vasta aplicação em contactos eléctricos deslizantes, principalmente para o sistema de recolha de corrente aérea utilizado nos caminhos-de-ferro, quadro de chumbo em circuitos integrados de grande escala, eléctrodos de soldadura e material de interruptores de transferência. A metalurgia do pó é a tecnologia mais utilizada para a produção de compósitos à base de cobre, especialmente quando o material da matriz é reforçado com partículas de segunda fase. Dois compósitos à base de cobre, um reforçado com partículas de Al O_{23} de tamanho micro (tamanho aproximado de 750 nm) e partículas de Al2O3 de tamanho nano (menos de 100 nm) produzidas por tecnologia de metalurgia do pó, foram comparados com uma liga Cu-Cr-Zr produzida por técnica de fundição. Os testes tribológicos foram efectuados com o nano tribómetro ball-on-disc, em condições de deslizamento a seco de alta carga e baixa velocidade a 1N e 8 mm/s. A adição de partículas de Al2O3 de tamanho micro não mostrou um efeito muito positivo, uma vez que esta composição apresentou a dureza e a resistência ao desgaste mais baixas e, ao mesmo tempo, o coeficiente de atrito mais elevado. Por outro lado, a adição de partículas nanométricas de Al O_{23} aumentou consideravelmente a dureza do compósito, aumentando assim a resistência ao desgaste em grande medida, mas também reduziu o coeficiente de atrito.

Funabashi et.al descobriram que a grafite é um lubrificante sólido que reduz o desgaste do MMC de cobre-grafite. O compósito de cobre-grafite (MMC) é uma dispersão de grafite numa matriz de cobre puro. O compósito foi fabricado através da rota da metalurgia do pó (Rota PM), exibindo assim excelentes propriedades lubrificantes e antiaderentes devido à presença de grafite e boa condutividade eléctrica devido ao cobre puro. Mas também se depararam com o problema da fraca ligação interfacial entre o cobre e a grafite. As propriedades dos compósitos de cobre-grafite dependem do tipo e da quantidade de fibra de grafite incorporada no compósito, bem como da orientação dessa fibra.

Preferem utilizar uma baixa percentagem de grafite na matriz de cobre. As propriedades lubrificantes efectivas da grafite são incorporadas no compósito final, uma vez que a maior parte das suas utilizações são em contactos deslizantes (eléctricos). Os compósitos de Cu-Grafite têm tipicamente um coeficiente de expansão térmica entre 4-6 ppm/° C (depende da temperatura). A Cu-Grafite tem uma densidade que varia entre 7,0 e 7,5 gramas/centímetro cúbico (menos 20% do que o cobre). A mudança do molibdénio ou do cobre-tungsténio para a grafite de cobre permitiu poupar peso significativo, proporcionando um melhor desempenho térmico. Os compósitos Cu/G têm também uma elevada resistência ao choque térmico.

Radhika N. et.al observaram que a resistência ao desgaste dos compósitos de matriz metálica diminuía com o aumento da carga e de outros parâmetros como a velocidade e a distância de deslizamento. Uma amostra composta por (Al/3%alumina/3%grafite e Al/9%alumina/3%grafite) foi fabricada utilizando a técnica de fundição por agitação e testada utilizando um tribómetro de pino sobre disco. Os resultados mostram que a taxa de desgaste pode ser controlada através do controlo de parâmetros como a carga, a distância de deslizamento e a velocidade de deslizamento.

Zhang Z. F. interpretou a formação de uma camada mecanicamente mista (MML) rica em grafite sobre a superfície desgastada, que foi a principal responsável pelas boas propriedades tribológicas dos compósitos híbridos a baixas cargas normais. A resistência ao desgaste deteriorou-se quando o teor de grafite era suficientemente elevado para que o desgaste por delaminação ocorresse a cargas elevadas. Um fornecimento contínuo de grafite à superfície desgastada foi uma condição prévia importante para a formação de uma MML rica em grafite e o benefício das suas propriedades anti-fricção para os compósitos híbridos de cobre.

2.5 Processo de otimização

Ashutosh et.al referiram que o processo de simulação virtual para conceber materiais compósitos optimizados inclui uma série de fases definidas. O processo consiste em três fases de otimização. A Fase I centra-se na criação de um conceito de disposição de camadas através da otimização Free-Size; a Fase II aperfeiçoa o número de camadas para uma determinada disposição de camadas definida pela Fase I; a fase final (Fase III), através da otimização da sequência de empilhamento, completa os detalhes finais do design, satisfazendo todas as restrições de fabrico e desempenho. Esta metodologia tem sido cada vez mais adoptada pelos OEM do sector aeroespacial, como demonstrado no processo de candidatura da Bombardier.

Basavarajappa e **Chandramohan** citaram que o método Taguchi lida com respostas influenciadas por múltiplas variáveis. Este método reduz consideravelmente o número de experiências necessárias para modelar a função de resposta em comparação com a conceção fatorial completa das experiências. A principal vantagem desta técnica é descobrir a possível interação entre os parâmetros. A técnica de Taguchi foi concebida para a otimização do processo e a identificação da combinação óptima dos factores para uma determinada resposta. As três fases incluídas nesta técnica são (1) a fase de planeamento, (2) a fase de condução e (3) a fase de análise. A fase de planeamento é a fase mais importante da experiência, que cria uma matriz ortogonal padrão para mostrar o efeito de vários factores no valor-alvo e define o plano experimental. Para estudar a influência dos factores, os resultados experimentais obtidos são analisados através da análise das médias e da variância.

Manivel et.al estudaram os parâmetros de corte, que são optimizados no torneamento duro de ADI utilizando pastilhas de metal duro com base no método Taguchi. A pastilha de corte foi revestida com CVD AL_2O_3/TiCN. As experiências foram efectuadas em condições secas utilizando uma matriz ortogonal L_{18}. Os parâmetros de corte selecionados para a maquinagem são a velocidade de corte, o avanço e a profundidade de corte, cada um com três níveis, e o raio da ponta em dois níveis, mantendo constantes os outros parâmetros de corte. A ANOVA e a relação sinal/ruído são utilizadas para otimizar os parâmetros de corte. A velocidade de corte é o fator mais dominante que afecta a rugosidade da superfície e o desgaste da ferramenta. Em condições óptimas de corte, são realizados testes de confirmação. Os resultados das condições óptimas de corte foram previstos utilizando a relação sinal/ruído e a análise de regressão.

O compósito de matriz de resina epóxi reforçado com partículas de cinzas volantes foi também preparado pelo método de agitação ultra-sónica. Foi efectuado um ensaio de desgaste do compósito com pino no disco, que foi comparado de acordo com a conceção da experiência de Taguchi. Uma matriz ortogonal foi utilizada e examinou os parâmetros que influenciam o compósito, como a percentagem de detritos de cinzas volantes, a carga típica, a velocidade de deslizamento e a distância da trajetória. A análise da relação sinal-ruído optimiza a condição paramétrica que produz a taxa de desgaste mínima, a força de atrito mínima e o coeficiente de atrito mínimo. É utilizado um método de análise de decisão multicritério, TOPSIS, para otimizar o resultado, e foi efectuado um teste de confirmação para verificar o modelo projetado. A ANOVA mostra que a carga normal aplicada desempenha um papel influente no aumento do desgaste por deslizamento a seco dos compósitos de epóxi.

2.6 Corrosão eletroquímica

Sharma S. et.al afirmou que 40-50% dos defeitos dos motores se devem a falhas nas chumaceiras. Estas avarias ocorrem frequentemente devido a condições não ideais, como sobrecarga, desalinhamento, lubrificação inadequada, vibrações eléctricas, etc. Estes defeitos de corrosão conduzem frequentemente a defeitos de vibração que criam ruídos indesejáveis. Além disso, podem levar a avarias durante condições adversas de longo prazo. Neste trabalho, o investigador seguiu uma abordagem analítica para determinar a taxa de corrosão. Esta abordagem envolve uma transformada discreta de comprimento de onda para a extração de caraterísticas, bem como uma lógica difusa ortogonal para a análise discriminatória.

Young C Khang et.al investigaram a aplicação da medição da taxa de corrosão eletroquímica e da abordagem de análise de superfícies sólidas para compreender a corrosão do cobre na água potável. A aplicação de abordagens electroquímicas em combinação com medições de solubilidade do cobre e abordagens de análise de superfícies sólidas ajudou a monitorizar a corrosão eletroquímica numa abordagem funcional. No entanto, o mecanismo de corrosão do cobre ainda não está totalmente identificado. Os métodos electroquímicos, como a técnica de Tafel ou a espetroscopia de impedância eletroquímica (EIS), são as abordagens electroquímicas comuns utilizadas para investigar os fenómenos de corrosão em solução aquosa. Existem algumas vantagens nas técnicas electroquímicas convencionais, como a poupança de tempo e a aceleração do comportamento de corrosão.

Frederico A.P. et.al selecionaram o aço para rolamentos AISI 52100 como substrato para um revestimento de carboneto de nióbio produzido por um processo de deposição termo-reactiva em banho de sal. Este trabalho aborda o efeito do revestimento de carboneto de nióbio na resistência ao desgaste e à corrosão do aço acima mencionado. Foi produzida uma camada homogénea composta apenas por carboneto de nióbio cúbico (NbC). O revestimento de carboneto produziu uma dureza média e um módulo de elasticidade de 26GPa e 361GPa, respetivamente. Não foi detectada nenhuma descarbonetação significativa por baixo da caixa através de flutuações de dureza. Os testes de desgaste a seco resultaram em volumes de desgaste 10 vezes menores para o aço revestido com NbC, comparativamente ao substrato não tratado, em três cargas aplicadas diferentes. Os testes de corrosão em solução de NaCl indicaram um comportamento melhorado para o aço para rolamentos revestido com carboneto a potenciais aplicados inferiores a 250mV. A potenciais mais elevados, o eletrólito parece penetrar através da camada, dando origem a amplas tampas de corrosão.

Capítulo 3

PORMENORES EXPERIMENTAIS

3.1 Seleção de material e fundição

O material compósito é composto por Cu-10Sn-5Ni como matriz de base e partículas de alumina como reforço com tamanho de partícula de 10 microns, cujo peso é de 10wt% do material da matriz de base. A composição química deste material é mostrada na Tabela 1. Este MMC é utilizado particularmente para fornecer o desempenho tribológico necessário para aplicações de rolamentos no bordo interior. A cerâmica mais dura foi selecionada como reforço para evitar o desgaste e a corrosão por picadas.

Cu	Sn	Pb	Zn	Fe	Ni	Si	S	As	Others
85.21	10.4	0.023	0.072	0.037	4.047	0.072	0.051	0.023	0.138

Tabela 1. Composição elementar da liga.

Muitos materiais para rolamentos oferecem propriedades individuais promissoras (peso leve, baixo atrito) para satisfazer requisitos de serviço específicos, mas os bronzes para rolamentos fundidos oferecem as combinações mais favoráveis de propriedades mecânicas e físicas. Um compósito de cobre produzido por via de fundição por agitação foi ligado com estanho (10% em peso) e níquel (5% em peso); foram utilizadas partículas de Al O_{23} (10% em peso) de tamanho médio de 10μm como reforço. Esta composição foi fixada com base na gama óptima de percentagens de peso previamente utilizadas individualmente com cobre. A fundição centrífuga foi preferida para a preparação de FGM, em que a força centrífuga e a variação da densidade foram utilizadas em combinação para levar a maior concentração de partículas de reforço de baixa densidade e elevada resistência ao desgaste para a camada interior do cilindro oco. O $Al2O_3$ tem uma densidade mais baixa (3,95 g/cm3), cuja diferença de densidade em relação à matriz de base (8,76 g/cm3) permite que mais partículas de reforço se concentrem na camada interior durante a fundição centrífuga, tornando-o mais adequado para aplicações em rolamentos. A peça fundida finalmente obtida tinha uma dimensão de Φ_{out} 100 x Φ_{in} 85 x 100 mm. (como se mostra na Fig. 3).

Figura 3. Amostra de compósito fundido por centrifugação.

As formas cilíndricas com simetria rotacional são mais frequentemente fundidas por esta técnica. As peças fundidas longas (na direção da força de assentamento que actua, normalmente a gravidade) são sempre mais difíceis do que as peças fundidas curtas. Os cilindros de paredes finas são difíceis de fundir, mas a fundição centrífuga é especificamente adequada para tais aplicações. Ao longo do raio de rotação, estas são efetivamente simples peças fundidas planas e pouco profundas. A técnica de fundição centrífuga é também utilizada na fundição de objectos em forma de disco e cilíndricos, tais como rodas de carruagens ferroviárias ou acessórios de máquinas, em que o grão, o fluxo e o equilíbrio são importantes para a durabilidade e utilidade do produto acabado. Desde que a forma seja relativamente constante em termos de raio, podem também ser fundidas formas não circulares.

As caraterísticas da fundição centrífuga são o facto de as peças fundidas poderem ser fabricadas em quase todos os comprimentos, espessuras e diâmetros. Podem ser produzidas espessuras de parede variáveis a partir de um molde do mesmo tamanho, eliminando assim a necessidade de núcleos. É resistente à corrosão atmosférica, uma situação típica dos tubos. As propriedades mecânicas das peças fundidas centrífugas são excelentes. Os limites de tamanho são de até 6 m (20 pés) de diâmetro e 15 m (50 pés) de comprimento. A espessura da parede varia de 2,5 mm a 125 mm (0,1 - 5,0 in). Limite de tolerância: no diâmetro externo pode ser de 2,5 mm (0,1 pol.) no diâmetro interno pode ser de 3,8 mm (0,15 pol.). O acabamento da superfície varia entre 2,5 mm e 12,5 mm (0,1 - 0,5 in).

3.2 Tratamento térmico

Nove amostras de dimensão 10 x 10 x 50 mm foram preparadas a partir da zona interior da peça fundida e solucionadas a 6200C durante 60 minutos, seguidas de têmpera em água. As amostras levadas à temperatura ambiente são submetidas a um processo de envelhecimento a três temperaturas diferentes (400, 450 e 5500C); cada uma durante três tempos diferentes (1, 2 e 3 horas). A combinação paramétrica de temperatura e tempo de envelhecimento (como se mostra na Fig. 4) que deu a dureza máxima foi considerada óptima e seguida para mais experiências.

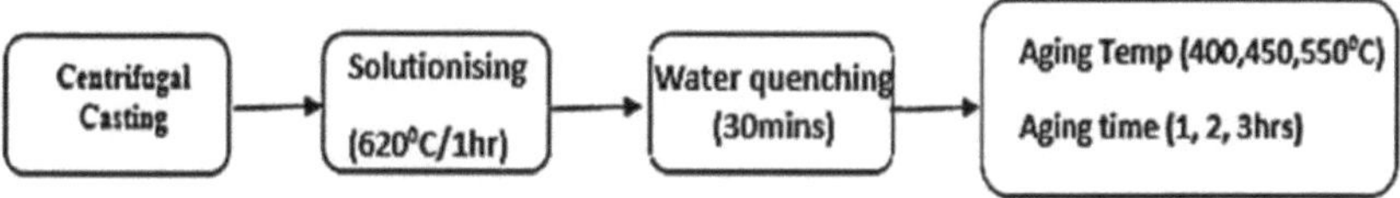

Figura 4. Processo sequencial de fabrico e tratamento térmico.

3.3 Análise microestrutural

A microestrutura do compósito tratado termicamente foi observada utilizando o Microscópio Metalúrgico Invertido Zeiss Axiovert 25 CA com iluminação HAL 6V, 30W com técnica de captura de contraste de fase de campo claro inclinado. Os espécimes foram preparados com uma dimensão de 20 x 15 x 10 mm a uma distância radial de 13 mm da periferia exterior, utilizando uma máquina de corte júnior. Para as operações de aplanamento e acabamento dos espécimes, foi utilizada a máquina de polir linisher com uma gama de rpm até 6000 rpm. Em seguida, procedeu-se ao polimento mecânico da superfície de ensaio utilizando sucessivos grãos de papel de esmeril (1/0, 2/0, 3/0) para remover os resíduos presentes na mesma. Antes da aplicação do reagente para o ataque químico, procedeu-se ao polimento com veludo (pano impregnado com pó muito fino de alumina) e ao polimento com diamante para aumentar o grau de refletividade da superfície do provete através de um acabamento fino. O polimento foi seguido de decapagem com ácido diluído para revelar seletivamente as caraterísticas. Foram utilizados 1,25 ml de ácido clorídrico, 1,295 g de cloreto férrico e 25 ml de água destilada para preparar o ácido. Em seguida, a microestrutura da amostra foi observada ao microscópio com uma ampliação óptima de 500x.

3.4 Ensaio de dureza

Os espécimes (10x10x10mm) para medição da dureza foram retirados da periferia interior. O ensaio foi efectuado num aparelho de medição da dureza Vickers (Mitutoyo 201- 101E), com base na norma ASTM E 92. O sistema utiliza uma câmara USB a cores de 0,5 polegadas com 3 milhões de pixels e uma gama de medição ótica de 0,1 a 1,0 mm. Uma gama de forças de ensaio de 5-1000 gf e um intervalo de tempo de carga de 5-60 segundos são compatíveis com este aparelho de ensaio cuja potência nominal é de 220 VAC, 50 Hz, 1 fase. Um indentador de diamante, com a forma de uma pirâmide com uma base quadrada, é submetido a uma força de ensaio de 100 gf durante 15 segundos na superfície do provete de ensaio. As superfícies de ensaio foram polidas com folhas de esmeril para remover os riscos. A dureza é calculada a partir da medição do comprimento diagonal da indentação observada através do microscópio. O valor médio da dureza de cada provete é calculado a partir de três valores medidos.

3.4.1 Ensaio de dureza Vickers

A dureza é medida a partir do comprimento diagonal da indentação observada através do microscópio, como se mostra na Fig. 5. O valor médio da dureza é calculado a partir de três valores medidos em cada distância radial. A carga total é normalmente aplicada durante 15 segundos. A dureza é expressa em número de dureza Vickers, dividindo a carga aplicada em 100 gf pela área de superfície da indentação.

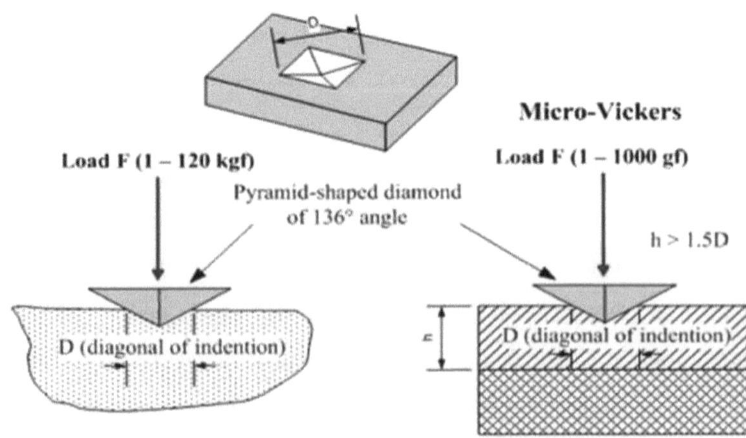

Figura 5. Ensaio de dureza Vickers.

3.5 Ensaio de tração

A resistência à tração deste espécime tratado termicamente a partir da zona interior é testada com base na norma ASTM E8M-2015a com um comprimento de calibre inicial de 25 mm. O ensaio de tração foi realizado utilizando uma máquina universal de ensaio de materiais (UTM-40) com uma velocidade de cruzeta de 0,5 mm/min à temperatura ambiente, com uma gama de tensões de 0,2525000Mpa, como se mostra na Fig. 6. O espécime foi mantido firme utilizando as pegas superior e inferior ligadas à máquina de ensaio de tração, que tem um alcance horizontal e vertical de 1200-1400 mm cada. Tem também uma capacidade de carga máxima de 25kN e uma velocidade de 0,01-500mm/min. Durante o ensaio, a carga de tração foi aplicada através das pinças até à rutura da amostra, a partir da qual foi calculada a resistência à tração. A percentagem de alongamento foi determinada utilizando um extensómetro.

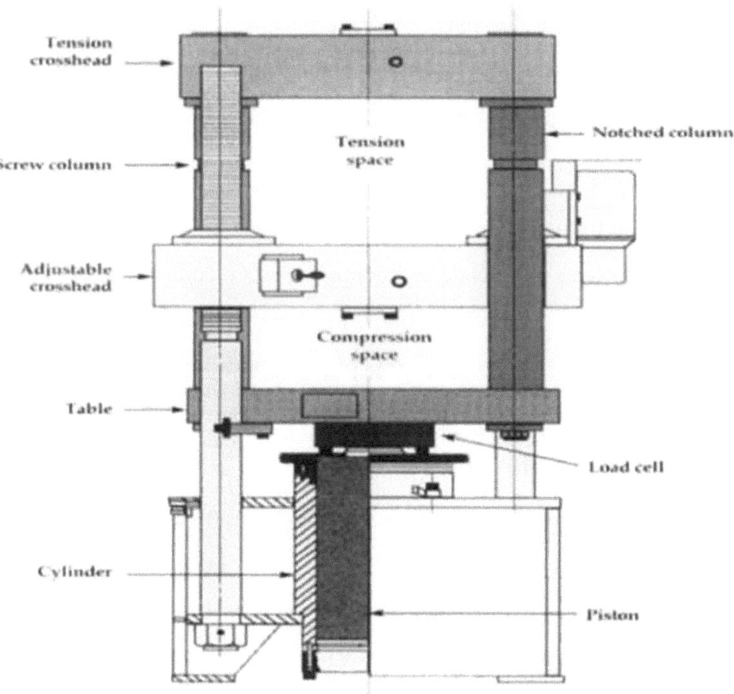

Figura 6. Máquina de ensaio universal

3.6 Fractografia

A fractografia estuda o modo de fratura, observando de perto as superfícies dos materiais a níveis micro. Os métodos fractográficos prevêem a causa da falha em estruturas de engenharia, especialmente na falha de produtos e em áreas de engenharia forense ou análise de falhas. A fractografia também desenvolve e avalia modelos teóricos para o comportamento do crescimento de fendas. Diferentes tipos de fenómenos de crescimento de fendas (por exemplo, fadiga, fissuração por corrosão sob tensão, fragilização por hidrogénio) apresentam algumas caraterísticas na superfície, o que ajuda a identificar o modo de falha. A mancha completa do padrão de fissuração é tida em consideração em vez de se concentrar numa única fissura, especialmente no caso de materiais frágeis como as cerâmicas e os vidros. A fractografia examina a origem da fenda, o que pode revelar a causa do início da fenda. O exame fractográfico inicial é normalmente efectuado a uma escala macro, utilizando microscopia ótica de baixa potência e técnicas de iluminação oblíqua para identificar a extensão da fissuração, os possíveis modos e as origens prováveis. A microscopia eletrónica de varrimento ajuda a identificar a natureza da falha e a causa do início e crescimento da fissura, se a tendência for familiar.

Um mapa de fratura pode ser uma forma valiosa de apresentar informação que mostra claramente como uma fenda se iniciou e cresceu com o tempo. A fractografia é preferida na análise de materiais porque o mecanismo de fratura pode ser frequentemente correlacionado com outras propriedades físicas e químicas do mesmo material.

3.7 Teste de desgaste do adesivo

Este material compósito foi especificamente desenvolvido para uma aplicação de rolamentos de carga constante utilizados em veículos eléctricos, onde as propriedades mecânicas, a resistência à corrosão e as caraterísticas de desgaste da camada interior têm uma prioridade mais elevada. Assim, a zona interior da chumaceira que entra em contacto direto de deslizamento com o veio foi submetida a um ensaio de desgaste. O desgaste adesivo ocorre entre superfícies de material deslizante sujeitas a tensões interactivas cíclicas. O sistema utilizado para o ensaio consiste num eixo acionado e num mandril para segurar o disco rotativo, um dispositivo de braço de alavanca para segurar a cavilha e acessórios para permitir que a amostra da cavilha seja forçada contra a amostra do disco rotativo com uma carga controlada, como se mostra na Fig. 7.

A pista de desgaste no disco é um círculo, envolvendo várias passagens de desgaste na mesma pista. O pino típico preparado para a análise do desgaste tem uma forma cilíndrica e os diâmetros dos provetes variam entre 2 e 10 mm. Os diâmetros típicos dos provetes de disco variam entre 30 e 100 mm e têm uma espessura entre 2 e 10 mm. Recomenda-se normalmente uma superfície rectificada com uma rugosidade média aritmética de 0,8 μm (32 pinos) ou inferior.

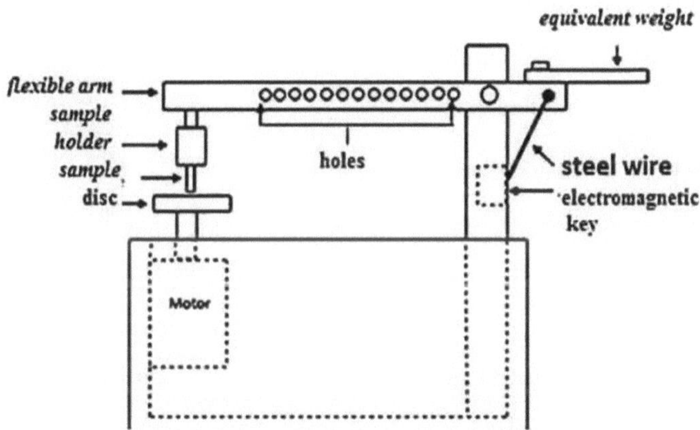

Figura 7. Construção do pino no disco

As caraterísticas de desgaste por deslizamento a seco do compósito foram investigadas de acordo com a sequência de experiências prescrita no projeto de experiências de Taguchi. A abordagem DOE de Taguchi extrai a informação mais prioritária com um número mínimo de experiências. A utilização de uma matriz ortogonal (OA) para formar uma matriz de experiências ajuda a estudar a influência de múltiplos factores controláveis na média das caraterísticas e variações da qualidade. O ensaio de desgaste por deslizamento a seco foi efectuado de acordo com a matriz ortogonal L27 e as taxas de desgaste correspondentes foram calculadas. A taxa de desgaste foi estudada como uma função de resposta dos parâmetros de influência (carga, distância de deslizamento e velocidade) utilizando o Minitab 17. Os três parâmetros variáveis do processo envolvem cargas aplicadas de 10 N, 20 N, 30 N; velocidades de deslizamento de 1 m/s, 2 m/s, 3 m/s e distâncias de 500 m, 1000 m, 1500 m em três ciclos diferentes. Os parâmetros óptimos foram determinados utilizando a relação sinal/ruído, selecionando as caraterísticas "mais pequenas que as melhores" para a taxa de desgaste. A análise de variância previu a influência de cada parâmetro individual, bem como as suas interações nas respostas. Os resultados mostram que a taxa de desgaste aumentou com a carga e diminuiu com a velocidade e a distância de forma não linear. O mecanismo de desgaste das superfícies desgastadas dos espécimes compósitos foi analisado utilizando o Microscópio Eletrónico de Varrimento. Esta análise tribológica pode ser utilizada para substituir os materiais de suporte convencionais com chumbo por compósitos de matriz metálica de cobre de qualidade superior com melhores caraterísticas de desgaste.

3.8 Processo de maquinagem

Os provetes para cada ensaio foram preparados com base nas dimensões normalizadas da ASTM. As operações básicas de corte foram efectuadas numa máquina de serra de arco. Os espécimes (Fig. 8(b)) para ensaios mecânicos como o ensaio de tração e o ensaio de dureza foram preparados utilizando uma fresadora vertical. O polimento dos espécimes para análise da microestrutura foi efectuado utilizando uma máquina de retificação de cinta plana, uma máquina de polir discos e uma máquina de polir veludo.

Para o ensaio de desgaste adesivo, foram preparados espécimes de dimensões 10 X 10 X 10 mm, que foram fixados a tubos cilíndricos ocos de aço inoxidável com um diâmetro interior de 10 mm e um comprimento de 35 mm, utilizando uma fixação a frio, como se mostra na Fig. 8(a).

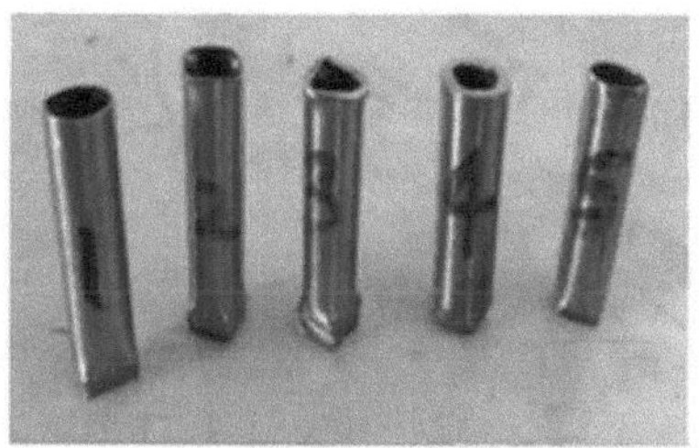

Figura 8. a.) Pinos para o ensaio de desgaste do adesivo
b.) Amostras fresadas para ensaios de dureza e análise de microestruturas.

3.9 Conceção de experiências

Foi estudada a influência de parâmetros como a carga aplicada, a velocidade de deslizamento, a distância, etc., no desgaste por deslizamento a seco dos compósitos de matriz metálica. Foi realizado um plano de experiências, baseado nas técnicas de Taguchi, para obter dados de forma controlada. Foi utilizada uma matriz ortogonal L27 e a análise de variância para investigar a influência dos parâmetros do processo no desgaste dos compósitos. O objetivo é estabelecer uma correlação entre o desgaste por deslizamento a seco dos compósitos e os parâmetros de desgaste. Estas correlações foram obtidas por regressões múltiplas. No final, foram efectuados testes de confirmação para comparar o desvio entre os resultados experimentais e os resultados analíticos.

3.9.1 Projeto de Experiências de Taguchi

O método Taguchi é um método de elite com respostas influenciadas por múltiplas variáveis, reduzindo o número de experiências necessárias para modelar a resposta, em comparação com a conceção fatorial completa das experiências. Foi concebido para a otimização do processo e a identificação da combinação óptima dos factores para uma determinada resposta e determina a possível interação entre os parâmetros. Os resultados do ensaio de desgaste de pino sobre disco foram comparados de acordo com a conceção de experiências de Taguchi. Foi utilizada uma matriz ortogonal e examinados os parâmetros que influenciam o compósito, tais como a percentagem de resíduos de alumina, a carga típica, a velocidade de deslizamento e a distância da trajetória. A análise da relação sinal-ruído (S/N) optimiza a condição paramétrica que produz uma taxa de desgaste mínima e uma força de atrito mínima.

3.9.2 Análise da relação sinal-ruído

A palavra "sinal", na técnica de Taguchi, representa o valor desejável (média) para a caraterística de saída e o termo "ruído" representa o valor indesejável (S.D.) para a caraterística de saída. Por conseguinte, o rácio sinal/ruído (S/N) é o rácio entre a média e o S.D. Taguchi utiliza o rácio S/N para medir e classificar a caraterística influente que se desvia do valor desejado. O rácio S/N n é definido como n = -10 log (M.S.D) onde M.S.D. é o desvio médio quadrático para a caraterística de saída. Existem três categorias de caraterísticas de qualidade, ou seja, quanto mais pequena, melhor, quanto mais elevada, melhor e quanto mais nominal, melhor. Para se obterem parâmetros de influência óptimos, deve adotar-se a caraterística de qualidade "menor quanto melhor" para a taxa de desgaste. O desvio médio quadrático (M.S.D.) para a caraterística de qualidade "menor a melhor" pode ser expresso da seguinte forma

$$\text{M.S.D.} = \frac{1}{M} \sum_{i=1}^{m} S_i^2$$

Onde m e M são o número de ensaios e *Si* é o valor da taxa de desgaste para o *i.*º ensaio. Quanto maior for a relação S/N, menor será a variação da caraterística de saída em torno do valor desejado.

3.9.3 Análise de variância

A utilização da ANOVA destina-se a analisar a influência dos parâmetros de desgaste como (1) velocidade de deslizamento, (2) carga, (3) distância de deslizamento no desgaste. Esta análise foi efectuada para um nível de significância de 5%, *ou seja,* um nível de confiança de 95%. Pode observar-se a partir da análise ANOVA que a (1) velocidade de deslizamento, (2) carga, (3) distância de deslizamento têm influência no desgaste do compósito. O resultado mostra a contribuição percentual *(p)* de cada fator na variação total, indicando o seu grau de influência no resultado. A interação entre os factores acima referidos não tem uma variação significativa no desgaste por deslizamento do compósito. Estatisticamente, existe uma ferramenta designada por teste *F*, em homenagem a Fisher, para verificar quais os parâmetros de influência que têm um efeito significativo na caraterística de desgaste. Ao efetuar o teste *F*, é necessário calcular a média dos desvios quadrados (ss_m) devido a cada parâmetro de influência. A média dos desvios quadrados SSm é igual à soma dos desvios quadrados (ss_d) dividida pelo número de graus de liberdade associados ao parâmetro de influência. O valor *F* para cada parâmetro de influência é simplesmente o rácio entre a média dos desvios quadrados SS_m e a média do erro quadrático. Normalmente, quando $F > 4$, significa que a alteração do parâmetro de influência tem um efeito significativo na caraterística de desgaste.

3.9.3 Análise de regressão e experiências de confirmação

Para estabelecer a correlação entre os parâmetros de desgaste (1) velocidade de deslizamento, (2) carga, (3) distância de deslizamento e a perda de volume de desgaste por deslizamento a seco, foi obtido o modelo de regressão linear múltipla do desgaste utilizando o software estatístico "MINITAB 17". Os termos que são estatisticamente significativos são incluídos no modelo. São eles: W=perda volumétrica de desgaste por deslizamento a seco, S=velocidade de deslizamento, m/s, L=carga aplicada, N, D=distância de deslizamento, m. Substituindo os valores registados das variáveis pela equação, o desgaste por deslizamento do compósito pode ser calculado. O valor positivo dos coeficientes sugere que o desgaste por deslizamento do material aumenta com as suas variáveis associadas.

Enquanto que o valor negativo dos coeficientes sugere que o desgaste por deslizamento do material diminui com o aumento das variáveis associadas. A magnitude das variáveis indica o peso de cada um destes factores. Os testes de confirmação foram realizados selecionando o conjunto de parâmetros para a comparação dos resultados de desgaste do modelo matemático desenvolvido no presente trabalho, com os valores obtidos experimentalmente. A partir da análise, podemos observar que o erro calculado varia de 5% a 10% para o desgaste. Portanto, a equação de regressão múltipla derivada acima correlaciona a avaliação do desgaste no compósito com o grau razoável de aproximação.

3.8 Técnica de Polarização Tafel

A extrapolação de Tafel e a resistência à polarização são dois métodos sequenciais utilizados para medir as taxas de corrosão. Os métodos de polarização são considerados como técnicas experimentais mais rápidas em comparação com a estimativa clássica de perda de peso. O método de Tafel está diretamente relacionado com processos anódicos e catódicos controlados por ativação. As curvas de polarização para uma reação eletroquímica sob controlo de ativação apresentam um comportamento linear nos gráficos E_{corr} Vs log (i). Este comportamento é designado por comportamento de Tafel. Os declives catódicos e anódicos de Tafel são extrapolados num gráfico de Tafel, dando um ponto de intersecção a partir do qual o potencial de corrosão (E_{corr}) e a densidade da corrente de corrosão (i_{corr}) ou a taxa de corrosão podem ser calculados.

A exatidão da extrapolação de Tafel torna-se cada vez mais difícil devido à polarização da concentração e à resistência óhmica. É necessário obter curvas de polarização em estado estacionário para uma melhor representação das reacções de corrosão. Os métodos potenciostáticos e galvanostáticos devem ser comparados para escolher a melhor técnica para determinar as taxas de corrosão. Existem alguns deméritos na extrapolação de Tafel.

As curvas de polarização irreversível são altamente afectadas pelas condições experimentais e ambientais, as constantes de Tafel variam geralmente de sistema para sistema. Muitas vezes, as curvas anódicas podem não apresentar um comportamento linear próximo do valor de E_{corr}. Para determinar os valores de E_{corr} e i_{corr}, é necessário efetuar a extrapolação e a intersecção das tangentes lineares das curvas anódicas e catódicas, como se mostra na Fig. 9.

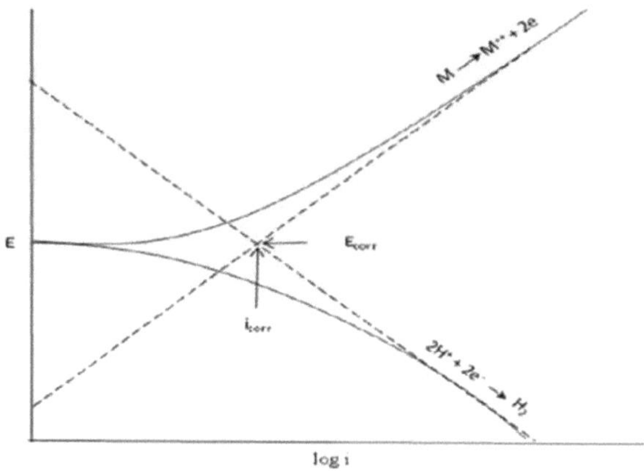

Figura 9. Comportamento de polarização do metal M em solução ácida desaerada.

Anodic reaction, $M = M^{++} + 2e$

Cathodic reaction, $2H^{+} + 2e = H_2$

Por outro lado, os valores de E_{corr} e i_{corr} podem ser determinados diretamente a partir do ponto de cruzamento. No potencial de corrosão, E_{corr}, a taxa de redução catódica é igual à taxa de reação anódica (corrosão do metal). As constantes de Tafel (βa e βc) são calculadas a partir dos declives anódico e catódico.

A taxa de corrosão de uma determinada amostra de material pode ser facilmente determinada utilizando a fórmula fornecida abaixo. Os valores constantes são previstos com base no material utilizado. Neste caso, o cobre é o material padrão.

$$CR = \frac{I_{corr} \times K \times EW}{d \times A}$$

Where, CR: Corrosion rate (mm/year)
R_p: Polarization resistance
K: 3272 mm/(amp·cm·year)
EW: 31.77 g
d: 8.96 g/cm^3
A: exposed area

A configuração de uma célula de três eléctrodos é utilizada para a medição da resistência de polarização num laboratório. As sondas de corrosão de polarização linear são principalmente utilizadas no processo químico e na monitorização em linha das indústrias de tratamento de água. Estas sondas podem ser do tipo de três eléctrodos ou de dois eléctrodos. Estas técnicas permitem até a medição exacta de taxas de corrosão muito baixas (< 0,1mmpy).

Capítulo 4

RESULTADOS E DEBATES

O objetivo desta investigação experimental foi estudar a possibilidade de substituir os materiais de suporte existentes na indústria por um compósito de cobre com melhores caraterísticas mecânicas e de desgaste. Para o efeito, foi inicialmente analisado o gradiente de distribuição de partículas no interior do compósito fundido por centrifugação, utilizando a sua microestrutura. O tamanho médio das partículas do reforço foi determinado a partir da análise do Microscópio Eletrónico de Varrimento como 10μm. Em seguida, as suas propriedades mecânicas, como os valores de dureza e a resistência à tração, foram testadas utilizando o aparelho de ensaio de dureza Vickers e a máquina de ensaio universal, respetivamente. As caraterísticas de desgaste por deslizamento a seco do compósito foram experimentadas utilizando um aparelho Pin-on-Disc.

O efeito dos factores de influência, bem como a sua combinação na taxa de desgaste, foi optimizado para atingir a taxa de desgaste mínima. A experimentação foi efectuada com base numa matriz ortogonal, com o objetivo de relacionar a influência da velocidade de deslizamento, da carga aplicada e da distância de deslizamento. Estes parâmetros de projeto são as caraterísticas distintas e intrínsecas do processo que influenciam as caraterísticas de desgaste do compósito.

Taguchi recomenda a análise da relação sinal-ruído utilizando uma abordagem concetual que envolve gráficos dos efeitos e a identificação visual dos factores significativos. As secções explicativas centram-se nos tópicos de análise da microestrutura, resultados dos ensaios de tração, resultados dos ensaios de dureza Vickers, caraterísticas de desgaste por deslizamento a seco dos compósitos, análise da relação sinal-ruído, ANOVA para a taxa de desgaste e microscópio eletrónico de varrimento. O comportamento de corrosão após tratamento térmico em ambiente ácido foi também estudado utilizando a abordagem eletroquímica e de polarização Tafel.

4.1 Avaliação microestrutural e caraterísticas XRD

A observação microestrutural (Fig. 10) revelou a dispersão de partículas de reforço (fase escura) na matriz macia. A agitação do metal fundido em atmosfera inerte a 150 rpm e a força centrífuga durante a fundição sob pressão resultaram na formação de uma zona rica em reforço (alumina) na periferia interior do compósito. Este fluxo contínuo de fase branca revela o limite do grão que proporciona o efeito de reforço. Os espectros de difração de raios X (XRD) do compósito Cu-Sn-Ni/Al2O3 tratado termicamente determinam as fases formadas durante o processo de tratamento térmico. A Fig. 11 indica picos altos de Cu Ni2 Sn (54,6%) e picos baixos de a-Cu (45,4%). Isto confirma a formação de uma liga de bronze de níquel por reação da mistura durante o envelhecimento a 4500C durante 3 horas.

A rede da fase Cu Ni2 Sn formada evita a natureza deslocada da estrutura do grão através do mecanismo de reforço do endurecimento por trabalho. Isto também revela a estrutura de fase nutrida incorporada ao longo dos limites do a-Cu que melhora as propriedades mecânicas e tribológicas após o tratamento térmico, mantendo assim as partículas de reforço de alumina ao longo da matriz e tornando-a mais adequada para a aplicação em rolamentos.

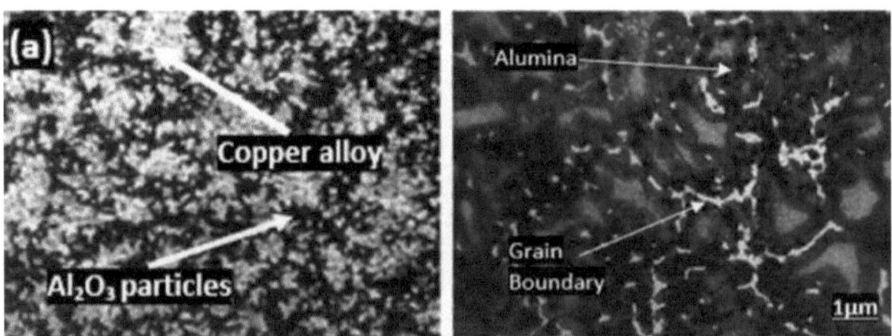

Figura 10. Microestrutura observada na periferia interior a.) antes do tratamento térmico b.) após o tratamento térmico.

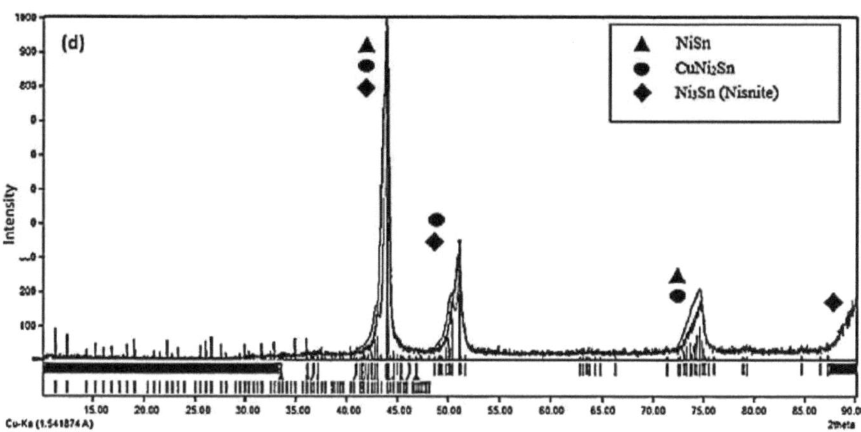

Fig. 11. Espectros de difração de raios X (XRD) do calor tratado com Cu-Sn-Ni/Al O_{23} compósito.

4.2 Avaliação da dureza

Os valores de dureza medidos para cada amostra na respectiva combinação condicional estão representados (Fig. 12) em função da temperatura e do tempo de envelhecimento em condições constantes de solução. Entre as nove combinações paramétricas diferentes de tratamento térmico, a amostra envelhecida a 450^0 C durante 3 horas apresentou o valor máximo de dureza de 269HV. A tendência mostrava uma curva em 'V' que apresentava um decréscimo periódico inicial do valor de dureza quando havia um incremento no tempo de envelhecimento de 1 hora para 2 horas para todas as temperaturas de envelhecimento, o que se devia à precipitação de cobre de fase a e CuNi2Sn dentro da matriz; o que levou a uma instabilidade. Um aumento adicional na duração do envelhecimento de 2 horas para 3 horas à mesma temperatura de envelhecimento mostrou um valor de dureza máximo em relação ao mostrado na hora inicial. O engrossamento estrutural das fases precipitadas devido à duração prolongada do envelhecimento eliminou a instabilidade na matriz, melhorando assim a dureza. Foi observada uma tendência semelhante em todas as temperaturas de envelhecimento e o valor máximo de dureza foi obtido na duração máxima (3 horas) de 450° C devido à homogeneização microestrutural nas condições paramétricas óptimas. A presença de fases frágeis contínuas tende a promover o reforço da liga à custa da ductilidade. A taxa de formação de precipitados ocorreu a um ritmo mais rápido a uma temperatura de envelhecimento mais elevada (450^0 C), enquanto a dureza diminuiu quando a temperatura aumentou para 550^0 C no pico do tempo de envelhecimento (3 horas). Isto ocorreu devido à dissolução do precipitado acima da temperatura crítica.

A tendência da dureza para todas as nove combinações paramétricas de temperatura de envelhecimento e duração do envelhecimento é mostrada na Fig. 12.

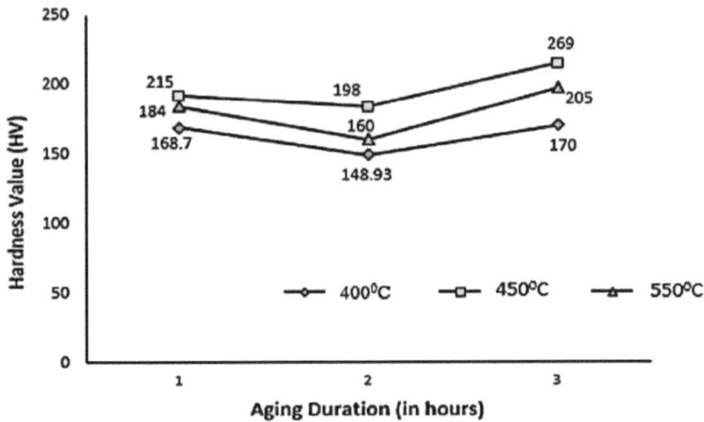

Fig. 12. Variação do valor de dureza em diferentes combinações paramétricas de envelhecimento efectuado com parâmetros de solução constantes.

4.3 Avaliação da resistência à tração

O teste resultou num aumento do comprimento do calibre de 1,17 mm e 1,01 mm para os espécimes fundidos e envelhecidos, respetivamente. Como a resistência à tração do espécime fundido (288,98MPa) foi superior à do envelhecido (172,28MPa), a percentagem de alongamento para o espécime fundido foi 0,64% superior, comparativamente, como se mostra na Tabela 2. A redução da tensão de cedência após o envelhecimento indica a redução da ductilidade e a indução da natureza frágil do espécime. O tamanho do grão aumenta com a temperatura do tratamento térmico ou com o tempo de permanência. Os limites de grão podem atuar como paredes que impedem a propagação de deslocações. Como a orientação da estrutura da rede dos grãos adjacentes difere e muda de direção, é necessária mais energia para deslocar e passar para um grão adjacente. O limite do grão é também muito mais desordenado do que o interior de um grão, impedindo assim que as deslocações se movam num plano de deslizamento contínuo. Impedir o movimento de deslocação dificulta o início da plasticidade e, consequentemente, aumenta a fragilidade.

SPECIFICATIONS	As-Cast	Aged
Gauge Length (final)	26.17 mm	26.01 mm
Tensile Strength	288.98 MPa	172.28 MPa
Yield Stress	217.55 MPa	134.60 MPa
Elongation %	4.68%	4.04%
Fmax	24.66kN	11.31kN

Tabela 2. Comparação dos resultados dos ensaios de tração para ambos os região de MGF fundida e envelhecida.

4.3.1 Análise Fractográfica

Os espécimes fracturados resultantes do ensaio de tração foram ainda submetidos à análise fractural. A Fig. 13 mostra a formação de cúspides e facetas uniformemente ao longo da superfície fracturada. A formação de microvazios rodeados por facetas evidencia as caraterísticas frágeis do compósito sujeito a tratamento térmico.

A carga é distribuída principalmente nas partículas de reforço, espremendo-as e criando frequentemente micro-vazios. Os micro-vazios formam-se como resultado de uma maior fração de volume de partículas de reforço que são sujeitas a tensão na zona interior durante o carregamento. Sob tensão prolongada, estes vazios sofrem um crescimento considerável e coalescem em fissuras centrais e fendas. Esta rutura rápida provoca a falha do compósito. Este facto faz surgir um modo de falha frágil juntamente com o modo dúctil. Para além dos vazios, foram também observadas covinhas e facetas, que actuam como geradores de tensões e iniciadores de fendas. A falta de locais para a libertação de energia de deformação contribui para a propagação de fendas.

Assim, observa-se um modo combinado de rotura dúctil e frágil na zona interior.

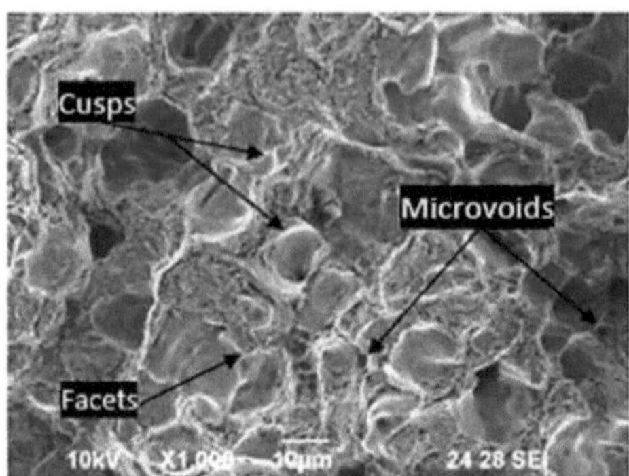

Fig. 13. Micrografia SEM da superfície de fratura do zona do compósito tratado termicamente.

4.4 Comportamento tribológico do compósito

As caraterísticas de desgaste por deslizamento a seco do compósito foram investigadas de acordo com a sequência de experiências prescrita no projeto de experiências de Taguchi. A abordagem DOE de Taguchi extrai a informação mais prioritária com um número mínimo de experiências. A utilização de uma matriz ortogonal (OA) para formar uma matriz de experiências ajuda a estudar a influência de múltiplos factores controláveis na média das caraterísticas e variações da qualidade.

O ensaio de desgaste por deslizamento a seco foi efectuado de acordo com a matriz ortogonal L_{27} e as taxas de desgaste correspondentes foram calculadas como se mostra na Tabela 3. A taxa de desgaste foi estudada como uma função de resposta dos parâmetros de influência (carga, distância de deslizamento e velocidade) utilizando o Minitab 17. Os espécimes rectangulares de dimensão 12x12x13mm foram fresados para os pinos de modo a que a camada interior do compósito formasse a face quadrada (12x12) do espécime, cuja altura foi aumentada através da fixação a frio, com um tubo oco de aço inoxidável de 35 mm fixado na face oposta (exterior) do espécime.

Foram realizados ensaios de desgaste por deslizamento a seco nestes espécimes tratados termicamente, de acordo com a matriz ortogonal L_{27} baseada na norma ASTM G 99, utilizando um tribómetro de pino sobre disco da marca DUCOM. O diâmetro da pista de 80 mm foi fixado fora da gama de pistas de 50-100 mm e mantido constante para todas as experiências cíclicas. A velocidade de rotação do disco situa-se entre 200 e 2000 rpm, com uma capacidade de carga de 5-200N e uma força de atrito de 0-2000μm. O disco de aço endurecido de 8 mm de espessura e HRC 60 foi polido com papel de esmeril de grão 1/0 e 2/0 após cada ciclo para assegurar o contacto total do remendo com a amostra. A carga aplicada na viga cantilever exerce a mesma quantidade de força na superfície de contacto do provete.

Os parâmetros experimentais utilizados para esta investigação são cargas de 10-30N em passos de 10N, distâncias de deslizamento de 500-1000m em passos de 500m e velocidades de deslizamento variando entre 1-3m/s em passos de 1m/s. As amostras foram pesadas utilizando uma balança eletrónica com uma contagem mínima de 0,01 mg antes e depois da experiência, após uma limpeza adequada. A partir daí, a taxa de desgaste foi calculada a partir da perda de massa do espécime.

Sl No.	**L (N)**	**D (m)**	**V (m/s)**	**Wear Rate (mm^3/m)**	**S/N Ratio (db)**
1	10	500	1	0.0002020	73.8930
2	10	500	2	0.0000380	88.4043

3	10	500	3	0.0002170	73.2708
4	10	1000	1	0.0001480	76.5948
5	10	1000	2	0.0000560	85.0362
6	10	1000	3	0.0001750	75.1392
7	10	1500	1	0.0003570	68.9466
8	10	1500	2	0.0000310	90.1728
9	10	1500	3	0.0003710	68.6125
10	20	500	1	0.0002280	72.8413
11	20	500	2	0.0000460	86.7448
12	20	500	3	0.0003110	70.1448
13	20	1000	1	0.0002580	71.7676
14	20	1000	2	0.0001960	74.1549
15	20	1000	3	0.0003980	68.0023
16	20	1500	1	0.0002760	71.1818
17	20	1500	2	0.0001951	74.1949
18	20	1500	3	0.0003640	68.7780
19	30	500	1	0.0003650	68.7541
20	30	500	2	0.000163	75.7562
21	30	500	3	0.000470	66.5580
22	30	1000	1	0.001241	58.1246
23	30	1000	2	0.000275	71.2133
24	30	1000	3	0.001381	57.1961
25	30	1500	1	0.001395	57.1085
26	30	1500	2	0.000256	71.8352
27	30	1500	3	0.001499	56.4840

Tabela 3. Resultados experimentais e respectivos rácios sinal-ruído.

4.4.1 Análise da relação sinal/ruído (relação S/N)

A Tabela 4, desenvolvida pelo software Minitab, mostra o valor delta que determina a hierarquia dos parâmetros como a carga, a velocidade e a distância de deslizamento, que têm influência na taxa de desgaste. A diferença entre o rácio S/N mais elevado e o mais baixo de cada parâmetro fornece o valor delta correspondente. O valor delta mais elevado indica o parâmetro mais influente. O impacto da carga na taxa de desgaste do adesivo foi considerado elevado, ao passo que o impacto da velocidade e da distância de deslizamento na taxa de desgaste foi considerado próximo da carga na ordem sequencial. O valor ótimo de cada condição paramétrica pode ser inferido a partir do gráfico da relação S/N apresentado na Fig. 14. A taxa de desgaste mínima foi observada para parâmetros como a carga de 10N, a distância de deslizamento de 500 m e a velocidade de deslizamento de 2 m/s.

LEVEL	LOAD (N)	DISTANCE (m)	VELOCITY(m/s)
1	77.79	75.15	68.80
2	73.09	70.80	79.72
3	64.78	69.70	67.13
Delta	13.00	5.45	12.59
Rank	1	3	2

Tabela 4. Valores de desgaste para o rácio S/N correspondente.

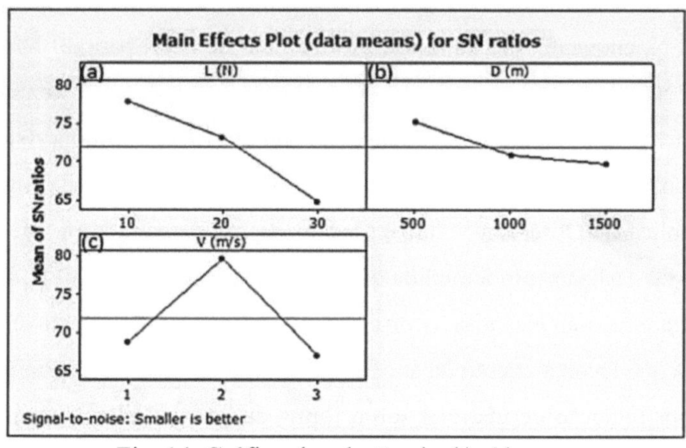

Fig. 14. Gráfico da relação sinal/ruído.

4.4.2 Influência paramétrica na taxa de desgaste

Cada parâmetro tem uma influência variável na taxa de desgaste, juntamente com a interação constante de outros parâmetros. O efeito de cada parâmetro, como a carga, a distância de deslizamento e a velocidade, na taxa de desgaste em diferentes condições é apresentado na Fig. 15.

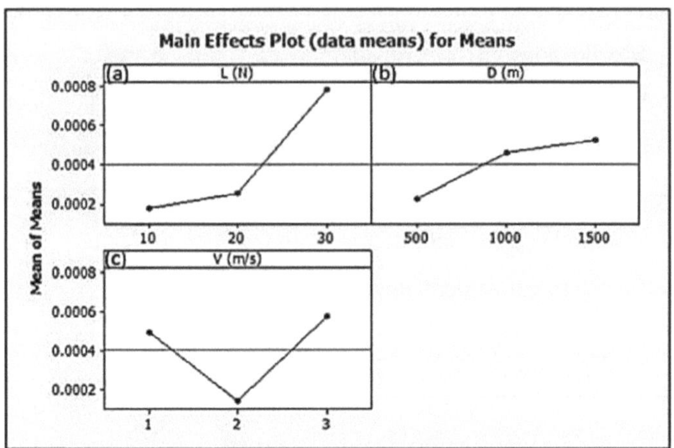

Figura 15. Gráfico da taxa de desgaste.

4.4.2.1 Efeito da carga aplicada na taxa de desgaste

A partir da Fig. 15(a), observou-se que a taxa de desgaste aumentou quando a carga aplicada aumentou. Observou-se um aumento drástico da taxa de desgaste de 10 N para 20 N, enquanto que um aumento marginal de 20 N para 30 N. A uma carga baixa (10 N), observou-se uma taxa de desgaste moderada, uma vez que a taxa de endurecimento por trabalho na camada sub-superficial era mínima. Isto deveu-se à deformação plástica insignificante na superfície do material, que varia diretamente com a carga aplicada. Observou-se um aumento da temperatura e da pressão sobre a superfície de deslizamento à medida que a carga aumentou para 30 N. Devido a esta temperatura e pressão elevadas, ocorreu uma deformação plástica grave da superfície do provete que levou à adesão da superfície do pino ao disco. Esta aderência resultou numa maior remoção de material sob a forma de lavra e delaminação, aumentando assim drasticamente a taxa de desgaste de normal para severa, tendo sido observada uma tendência semelhante numa investigação anterior de Uthayakumar, Aravindan e Rajkumar (2013). A mancha de contacto deformou-se plasticamente, resultando num aumento da área real e deslocando-se para a área aparente de contacto.

4.4.2.2 Efeito da velocidade de deslizamento na taxa de desgaste

A partir da tendência observada na Fig. 15(c), infere-se que existe uma diminuição inicial e um aumento posterior da taxa de desgaste em função do aumento da velocidade. Este facto pode ser suportado pela formação fenomenal de uma camada triboeléctrica, designada por camada mecanicamente mista (MML), através da mistura de detritos produzidos por este efeito de micro-corte. O cobre já tem a propriedade elementar de formar uma camada de óxido. A temperatura aumenta na superfície de contacto quando se desliza a baixa velocidade (1m/s), levando à oxidação do material. À medida que a velocidade aumenta (de 1m/s para 2m/s), esta camada triboeléctrica actuará como uma camada de baixo atrito ou lubrificante entre as duas superfícies, diminuindo a taxa de desgaste. A velocidades elevadas (3m/s), esta camada compacta (MML) é raspada quando a camada seguinte de partículas de reforço na superfície fica exposta, aumentando assim a taxa de desgaste sob a forma de manchas delaminadas. Estas partículas de reforço, que ficam expostas e são arrancadas após a raspagem da camada instável de MML, provocam uma interação não linear com a superfície do provete, exibindo um fenómeno de pitting.

4.4.2.3 Efeito da distância de deslizamento na taxa de desgaste

Verificou-se que a taxa de desgaste aumenta gradualmente com o aumento da distância de deslizamento, como se observa na Fig. 15(b). O aumento da taxa de desgaste de 500 m para 1000 m é maior em comparação com o que ocorreu entre 1000 m e 1500 m. A distâncias mais curtas (500 m), uma vez que a camada inicial é raspada, a ligação interfacial matriz-partícula enfraquece e resulta num arrancamento aleatório das partículas de reforço que estão expostas. Isto resultou numa maior taxa de desgaste inicial.

Ao passo que, a uma distância de deslizamento moderada (1000 m), a tensão cíclica leva ao desgaste normal. Verifica-se que o tempo de interação superfície-partícula aumenta com o aumento da distância de deslizamento, o que também é interpretado como uma razão para o aumento da taxa de desgaste. No entanto, durante distâncias de deslizamento mais longas (1500m), há um aumento da temperatura que cria uma deformação plástica na superfície da amostra, levando à adesão da superfície do pino ao disco. Isto resulta num efeito de deslizamento, causando um declínio na taxa de remoção de material da superfície de contacto da amostra.

4.4.3 Análise de variância

O efeito influente dos parâmetros que afectam significativamente as caraterísticas de qualidade foi investigado através da ANOVA e é apresentado no Quadro 5.

Tabela 5. ANOVA para a taxa de desgaste.

SOURCE	DF	Seq SS	Adj SS	Adj MS	F	P	Pct(%)
LOAD (*N*)	2	0.0000020	0.0000020	0.0000010	31.98	0.000	41.67
DISTANCE (*m*)	2	0.0000004	0.0000004	0.0000002	7.28	0.016	8.33
VELOCITY (*m/s*)	2	0.0000010	0.0000010	0.0000005	15.88	0.002	20.83
LOAD (*N*)*DISTANCE (*m*)	4	0.0000005	0.0000005	0.0000001	4.22	0.040	10.42
LOAD (*N*)*VELOCITY (*m/s*)	4	0.0000006	0.0000006	0.0000001	4.61	0.032	12.5
DISTANCE (*m*) * VELOCITY (*m/s*)	4	0.0000001	0.0000001	0.0000000	0.93	0.491	2.08
ERROR	8	0.0000002	0.0000002	0.0000000			4.17
TOTAL	26	0.0000048					

NOTA: DF- graus de liberdade; Seq SS- soma sequencial de quadrados; Adj SS- soma adjacente de quadrados; Adj MS- quadrados médios adjacentes; P- valores de probabilidade; Pct- percentagem de contribuição.

A ANOVA investiga a influência dos parâmetros e das suas interações nas caraterísticas de desempenho do desgaste. Foi conduzida como um modelo linear geral em que a taxa de desgaste é considerada como o fator de resposta. A análise foi efectuada com um limite de confiança de 95% e um nível de significância de 5%. O valor P examina a significância de todos os parâmetros, concluindo que o parâmetro que tem o menor valor P ou um valor P inferior a 0,05 contribui mais para a taxa de desgaste. A última coluna da Tabela 4 mostra a percentagem de contribuição de cada parâmetro para o fenómeno de desgaste, deduzindo-se que a carga (41,67%) foi o parâmetro mais influente na taxa de desgaste, seguido da velocidade de deslizamento (20,83%) e da distância de deslizamento (8,33%). Além disso, a interação paramétrica foi analisada para mostrar que a interação entre a carga e a velocidade de deslizamento (13,30%) foi considerada dominante entre as outras interações.

4.4.4 Análise de regressão linear e experiência de confirmação

A análise de regressão é um processo estatístico que estima as relações entre variáveis. Correlaciona matematicamente os parâmetros de influência, como a carga, a distância de deslizamento e a velocidade de deslizamento, para calcular a taxa de desgaste e compará-la com os valores de taxa de desgaste obtidos experimentalmente. A equação de regressão é

$$W(mm3/m) = 0.000134 - 0.000005\,L\,(N) - 0.000000\,D\,(m) - 0.000010\,V\,(m/s) + 0.000000\,L\,(N) * D\,(m) + 0.000002\,L\,(N) * V\,(m/s) + 0.000000\,D\,(m) * V\,(m/s) \quad \text{-}(1)$$

Onde cada variável denota o seguinte, L - carga aplicada (N), D - distância de deslizamento (m) e V - velocidade de deslizamento (m/s). A partir da convenção de sinais dos termos desta equação de regressão, infere-se que o sinal positivo de cada termo indica o aumento da taxa de desgaste devido a esse parâmetro em particular, ao passo que o sinal negativo indica a diminuição da taxa de desgaste do compósito.

A experiência de confirmação foi o procedimento de validação final na análise

DOE de Taguchi. Os valores paramétricos para a experiência de confirmação foram tomados de forma diferente e aleatória dentro da gama de valores paramétricos apresentada na Tabela 3. Os valores da taxa de desgaste da regressão apresentados na Tabela 6, obtidos a partir da substituição destes valores paramétricos de confirmação, foram comparados com os valores da taxa de desgaste obtidos experimentalmente. Esta comparação permitiu inferir que o valor do erro era inferior a 3%, pelo que se validou que o modelo experimental tinha uma variância limitada para prever o comportamento real de desgaste do compósito desenvolvido.

Sl No.	Load (N)	Sliding Velocity (m/s)	Sliding Distance (m)	Experimental Wear Rate (mm^3/m)	Regression Wear Rate (mm^3/m)	Error (%)
1	13	1.2	525	0.0000882	0.0000150	1.17
2	16	1.5	900	0.0000870	0.0002514	3.85
3	18	1.7	1100	0.0000882	0.0000459	0.48

Tabela 6. Parâmetros selecionados e respectivos resultados de confirmação.

4.5 Análise por Microscópio Eletrónico de Varrimento

O mecanismo de desgaste da superfície desgastada dos espécimes do compósito em diferentes condições paramétricas foi interpretado através da análise SEM. A carga foi determinada como o parâmetro que mais influencia a taxa de desgaste deste compósito. Em condições de carga baixa de 10N (Fig. 16(a)) com velocidade de deslizamento de 1m/s e distância de deslizamento de 500m; observaram-se riscos rasos localizados sem uma orientação particular, uma vez que a área de contacto foi mínima. Também se observaram rastos paralelos verticais na superfície desgastada, em que as ranhuras formadas não foram suficientes para remover material da mesma superfície durante ciclos repetitivos. Na Fig. 16(b), em condições de carga elevada (30N, 500m, 1m/s), foi observado um fenómeno de delaminação ao longo da superfície desgastada, causando uma transição do desgaste normal para o desgaste severo. As cascas laminares foram arrancadas das camadas subcríticas devido ao mecanismo de lavra.

Observou-se que estas manchas foram arrancadas na direção oposta ao deslizamento. Isto mostra um aumento drástico na taxa de desgaste quando a carga é aumentada de 10N para 30N.

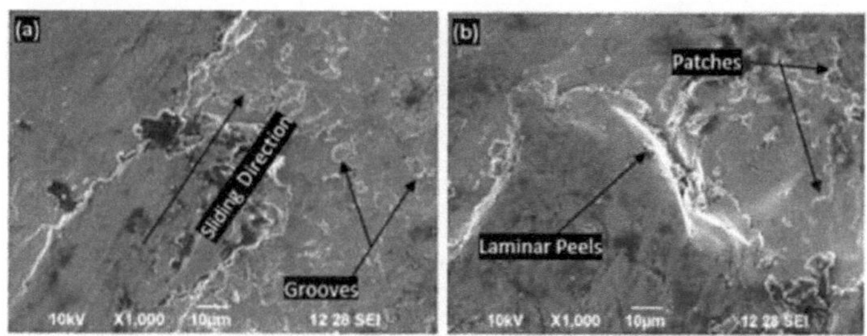

Fig. 16. Análise SEM da superfície desgastada com diferentes cargas (a) 10N (b) 30N.

A velocidade, que é o parâmetro que influencia a seguir, mostra uma tendência geral de diminuição inicial da taxa de desgaste com o aumento da velocidade de 1 m/s para 2 m/s, seguida de um ligeiro aumento da taxa de desgaste mais tarde. À medida que a velocidade aumenta de 1 m/s para 2 m/s, como se mostra na Fig. 17 (a) e (b), as contrafaces relativamente deslizantes produziram uma tribocamada chamada camada mecanicamente mista (MML) formada a partir dos seus óxidos.

A delaminação, a aglomeração e a mistura de detritos produzidos por este efeito de micro-corte formam um floco fino e brilhante na pista de desgaste que diminui a taxa de desgaste. Este compacto é raspado quando a camada seguinte de partículas de reforço na superfície fica exposta.

A remoção das partículas forma riscos aleatórios e poços pouco profundos na superfície, juntamente com outro efeito de aumento da temperatura, resultando num aumento moderado da sua taxa de desgaste.

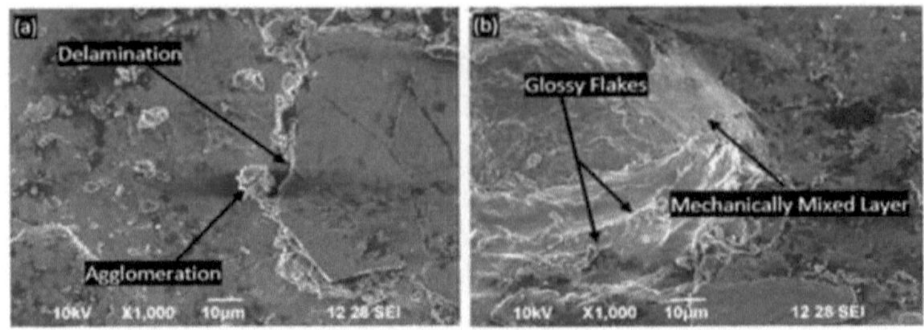

Fig. 17. Análise SEM da superfície desgastada em diferentes velocidades (a) 1m/s (b) 2m/s.

Sendo a distância de deslizamento o parâmetro que menos influencia, a uma distância baixa (500m), a Fig. 18 (a) revela que, assim que a camada periférica é raspada, a força de ligação entre as partículas adesivas e a matriz enfraquece e faz com que as partículas de reforço projectadas sejam arrancadas e espremidas para fora da camada da matriz devido às cargas cíclicas. Isto faz com que os riscos de bigodes se transformem em riscos pouco profundos, revelando uma melhor exposição das partículas uniformemente desgastadas devido à concentração uniforme de tensões após o tratamento térmico. As partículas bem distribuídas na matriz causaram uma baixa taxa de desgaste, exceto os riscos de bigodes causados pelos detritos desgastados. À medida que a distância de deslizamento foi aumentada (1500m), a taxa de desgaste diminuiu devido ao efeito de deslizamento produzido pela aderência da superfície do espécime que sofre deformação plástica, como mostra a Fig. 18 (b).

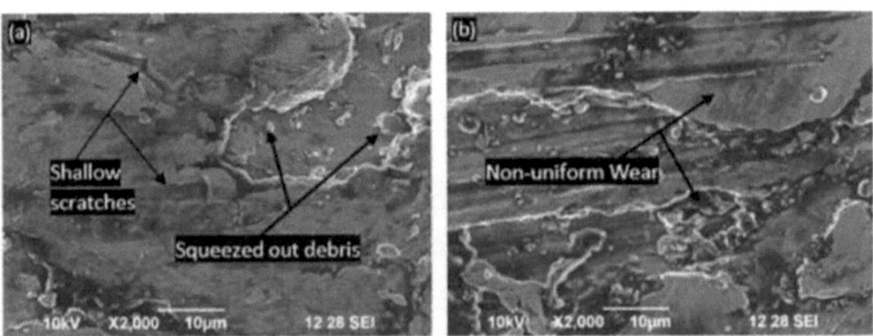

Fig. 18. Análise SEM da superfície desgastada em diferentes distâncias (a) 500m (b) 1500m.

A imagem SEM da superfície desgastada em condições óptimas (L=10N, D=500m e V=2m/s) é mostrada na Fig. 19, o que mostra a retenção das partículas de reforço nos locais da matriz mesmo após a ação de desgaste. Não se observam riscos ligeiros ao longo da trajetória de desgaste e descamação dos detritos, como noutras condições paramétricas. A força de ligação das partículas à matriz, juntamente com a reorientação das partículas após o tratamento térmico, aumentou o endurecimento dos limites, resultando numa menor taxa de desgaste.

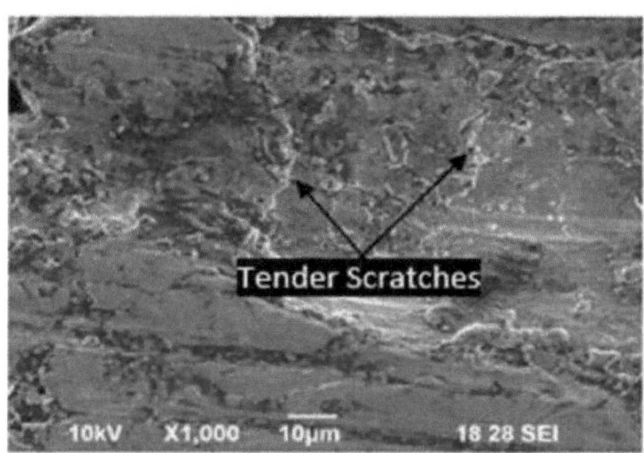

Fig. 19. Análise SEM da superfície desgastada a L=10N, V=2m/s, D=500m.

3.5 Corrosão eletroquímica

Os metais mostram sempre uma intenção de atingir o seu estado de energia mais baixo para ganhar a sua estabilidade extra ou estado de energia neutra. Para isso, os metais são normalmente submetidos a reacções de oxidação ou redução, nas quais ganham ou perdem electrões. Metais como o cobre são frequentemente oxidados para atingir a sua estabilidade química através da perda de electrões. Este fluxo de electrões do elétrodo de trabalho para o elétrodo coletor ocorre através de um eletrólito. Neste caso, é utilizado NaCl a 3,5% como eletrólito, que é energizado devido à diferença de potencial criada entre os eléctrodos. O fluxo de electrões entre os eléctrodos é designado por fluxo de corrente.

O ensaio de corrosão eletroquímica é um ensaio com três eléctrodos, realizado de acordo com a norma ASTM G102-89. O ensaio foi realizado utilizando a técnica de polarização Tafel com um instrumento CH com três sondas de ligação, como se mostra na Fig. 20. A amostra a ensaiar é transformada no elétrodo de trabalho, que é ligado à sonda verde do instrumento. O elétrodo Ag-AgCl é considerado o elétrodo de referência, que é ligado à sonda branca. O fio de platina com 0,2 mm de diâmetro é considerado o contra-elétrodo. O contra-elétrodo é ligado à sonda vermelha do instrumento. As amostras foram preparadas numa forma de placa com a dimensão de 30x20x2mm e envolvidas com fita de Teflon, como se mostra na Fig. 21. Uma área de Isq.cm foi diretamente exposta ao eletrólito para contacto direto. Isto foi feito para normalizar o ensaio e para prever o seu comportamento à corrosão. A velocidade de varrimento foi de 1mV/s durante um período de tempo de 1500 segundos. O ensaio foi efectuado em 6 ciclos para medir a corrente de corrosão e a tensão para 6 amostras. A diferença de potencial entre o elétrodo de trabalho e o elétrodo de referência fornece a tensão de corrosão e o potencial criado entre o elétrodo de trabalho e o contra elétrodo fornece a corrente de corrosão.

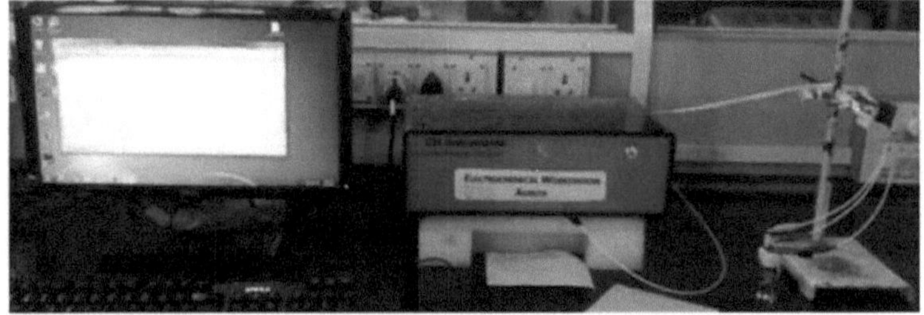

Fig. 20. Instrumento CH para o ensaio de corrosão eletroquímica.

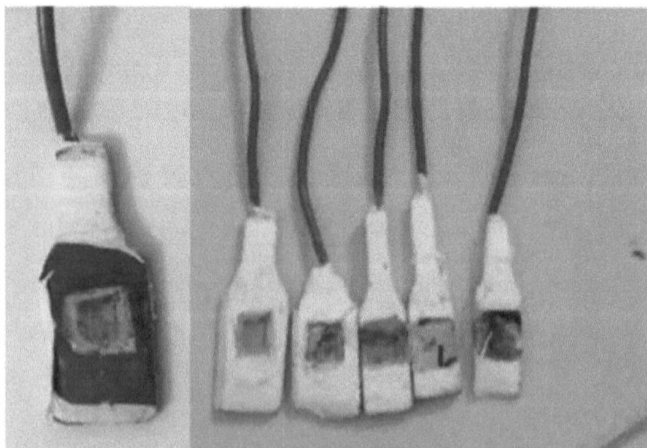

Fig. 21. Amostras preparadas para o ensaio de corrosão eletroquímica.

O aparecimento de cor esverdeada na parte exposta do espécime deveu-se à corrosão. A placa de cobre foi oxidada para atingir a estabilidade, através da formação de um composto de $CuCl_2$.

$$Cu \rightarrow Cu^{2+} + 2e$$

$$2NaCl \rightarrow 2Na^{+} + 2Cl^{-}$$

$$1/2O_2 + H_2O + 2e \rightarrow 2OH^{-}$$

$$Cu^{2+} + 2Cl^{-} \rightarrow CuCl_2 + NaOH$$

A taxa de corrosão para todas as amostras foi apresentada na Tabela 7 e a sua tendência foi representada graficamente na Fig. 22. Uma maior libertação de Cu^{2+} para o eletrólito leva a um aumento da taxa de corrosão. Verificou-se que a microestrutura fina resiste melhor à corrosão do que a microestrutura grosseira.

A presença de Ni na liga proporciona uma excelente resistência à corrosão devido à proteção ultrafina e densa da superfície da película de óxido/hidróxido proporcionada pelos electrólitos aquosos ou pelo ar húmido. Estas películas actuam como uma barreira eficaz que separa as ligas de substrato do ambiente corrosivo e as protege de outros processos de corrosão, especialmente em sistemas tribo-corrosivos.

Sl No.	Sample	Corrosion Rate
1.	($550^0C/1hr$)	1.5384mm/year
2.	($550^0C/2hr$)	1.4398mm/year
3.	($450^0C/1hr$)	1.0895mm/year
4.	($450^0C/2hr$)	0.7390mm/year
5.	($450^0C/3hr$)	0.5259mm/year
6.	Before Heat Treatment	0.6575mm/year

Tabela 7. Taxa de corrosão das amostras testadas.

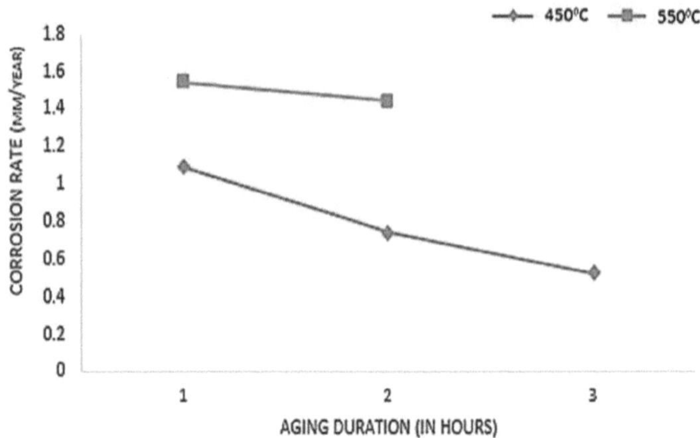

Figura 22. Tendência da taxa de corrosão das amostras tratadas termicamente.

A formação de pontas mostrada na curva catódica, durante a corrosão eletroquímica do espécime antes do tratamento térmico, representa corrosão por pite, como mostrado nas Fig. 23 e Fig. 24. Esta formação de ponta foi alargada para o espécime tratado termicamente.

A intersecção das tangentes extrapoladas das curvas anódicas e catódicas deu os valores E_{corr} e I_{corr}, que ajudaram a determinar a taxa de corrosão. A taxa de corrosão foi altamente influenciada pela temperatura de envelhecimento. A altas temperaturas, a dissolução das fases formadas na matriz resultou numa taxa de corrosão mais elevada. Enquanto que, à medida que a duração do envelhecimento aumenta a uma determinada temperatura de envelhecimento, a passividade melhora, melhorando assim a estabilidade da camada protetora.

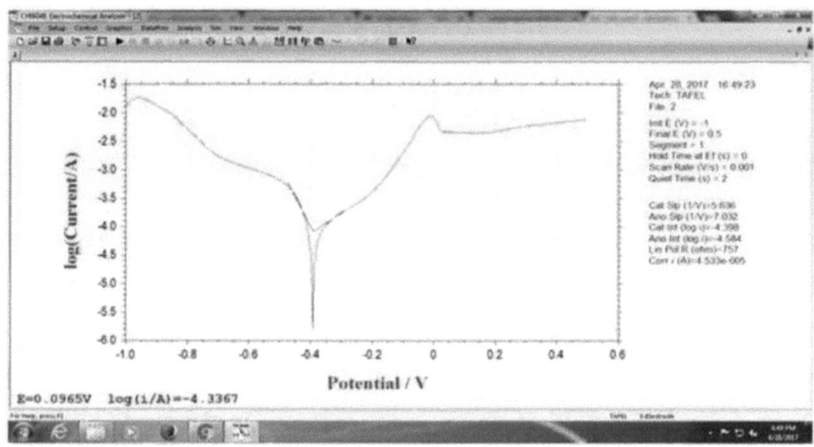

Fig. 23. Curva de corrosão para o espécime antes do tratamento térmico.

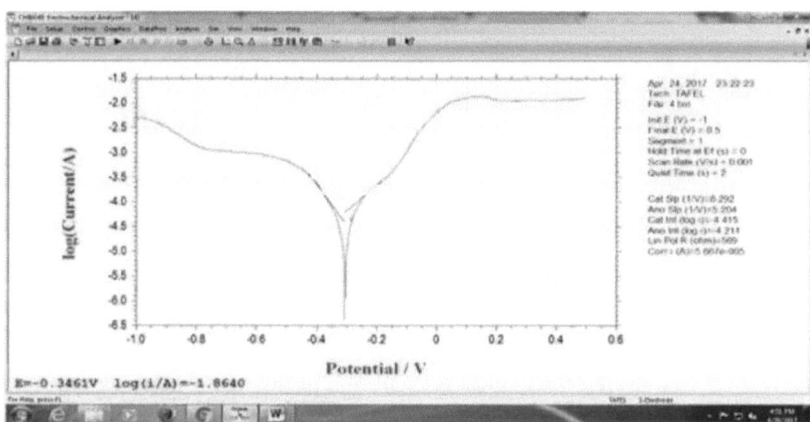

Fig. 24. Curva de corrosão para o espécime após tratamento térmico.

Capítulo 5

CONCLUSÃO

O compósito Cu-10Sn-5Ni/10wt%Al O_{23} foi fabricado com sucesso através do método de fundição centrífuga. A análise microestrutural revela endurecimento por trabalho, bem como um mecanismo de reforço dos limites de grão que influencia as suas propriedades mecânicas e tribológicas. Os resultados do ensaio de dureza Vickers mostram que a camada interna do compósito, que foi submetida a um envelhecimento a parâmetros óptimos (4500C / 3hrs) em condições de solução constante (6200C / 1h) seguido de arrefecimento com água, apresentou uma dureza máxima de 269HV, o que resultou num aumento de 5% da dureza em comparação com a amostra fundida. Verificou-se que a resistência à tração diminuiu após o tratamento térmico, resultando numa redução de 0,64% na percentagem de alongamento. A investigação sobre o comportamento de desgaste por deslizamento a seco do compósito de cobre tratado termicamente revelou que a taxa de desgaste está diretamente relacionada com a carga e a distância de deslizamento, enquanto que com a velocidade, está inversamente relacionada inicialmente e depois diretamente.

A análise de variância forneceu a percentagem de influência de cada parâmetro que afecta a taxa de desgaste. A carga foi o principal fator (41,67%) na determinação da taxa de desgaste, seguida da velocidade de deslizamento e da distância. A relação sinal-ruído previu que as condições óptimas para a obtenção de boas caraterísticas tribológicas seriam uma carga baixa (10 N), juntamente com uma velocidade de deslizamento moderada (2 m/s) e uma distância baixa (500 m).

Assim, a carga pode ser considerada como o principal parâmetro de influência na taxa de desgaste do compósito. A análise SEM das superfícies desgastadas revelou que a transição de desgaste ligeiro para desgaste normal e de desgaste normal para desgaste severo resultou do aumento da carga aplicada, tendo também previsto o mecanismo de desgaste e a formação de MML a velocidades médias. Os resultados da corrosão eletroquímica mostraram uma diminuição de 20% na sua taxa de corrosão após o envelhecimento. O alargamento da ponta na curva catódica na curva de Tafel de um espécime tratado termicamente representa a erradicação do fenómeno de pitting.

Esta investigação do comportamento tribológico pode ser utilizada eficazmente para substituir os materiais existentes atualmente em uso para rolamentos de carga constante, sujeitos a cargas cíclicas, especialmente em motores de veículos eléctricos. O processo de tratamento térmico melhorou as propriedades mecânicas e tribológicas da camada interior, tornando-a mais adequada para a aplicação em rolamentos com uma vida útil prolongada. Também pode ser utilizado em diferentes componentes de automóveis, como camisas de cilindros e tambores de travões, em que as propriedades tribológicas da camada interior têm um efeito importante.

REFERÊNCIAS

[1] Uysal, M., e Karslioglu, R., 2013, 'Caraterísticas do compósito de matriz metálica de reforço Bronze/Al O_{23} (Ni) produzido por sinterização activada por corrente', *Ata Physica Polonica A,* Vol. 123, No. 2, pp.235-237.

[2] Patric Huter, Liu, Y., Zhou, J., e Shen, T., 2013, 'Effect of nano-metal particles on the fracture toughness of metal-ceramic composite', *Materials and Design,* Vol. 45, pp.67-71.

[3] Kenneth Chulju, K., e Byengsoo, L., 2008, 'Strengthening of copper matrix composites by nickel-coated single-walled carbon nanotube reinforcement', *Synthetic Metals,* Vol. 159, pp.424-429.

[4] Watanabe, Y., Yamanaka, N., e Fukui, Y., 2011, "Corrosion behaviour of Al/Al3Ti and Al/Al3Zr functionally graded materials produced by centrifugal solidparticle method: Influence of the intermetallics volume fraction", *Corrosion Science,* Vol. 62, pp.717-721.

[5] Dinesh Paragunde, Prof. Dhanraj Tambuskar, 'Fabrication of Metal Matrix Composite by Stir Casting Method', *International Journal of Advanced Engineering Research and Studies,* julho-setembro, 2013.

[6] Logesh, G. N., Onat, A., 2010, 'Mechanical and dry sliding wear properties of silicon carbide particulate reinforced aluminium-copper alloy matrix composites produced by direct squeeze casting method', *Journal of Alloys and Compounds,* Vol. 489, pp.119-124.

[7] Vembu, V., e Ganeshan, G., 2015, 'Heat Treatment Optimization for Tensile Properties of 8011 Al/15%SiC_p metal matrix composite using response function methodology', *Defence Technology,* Vol. 11, pp.390-395.

[8] Baghel, A. S., e Prasad, V., 2013, 'O efeito do tratamento térmico nas propriedades mecânicas do compósito de matriz metálica ADC12-Sic: A Review", *International Journal of Science and Research,* Vol. 319, pp.64-70.

[9] Okayasu, M., e Muranaga, T., 2017, 'Analysis of microstructural effects on mechanical properties of copper Alloys', *Journal of Science: Materiais e Dispositivos Avançados,* Vol. 35, pp.1-12.

[10] Ramesh, D., Swamy, R. P., 'Role of heat treatment on AL6061-Frit particulate composites', *Journal of Minerals and Materials Characterization and Engineering,* Vol.1, No.4, pp.353-363, 2012.

[11] Aleksandar, V., 2014, 'Friction and wear properties of copper-based composites reinforced with micro and nano-sized Al O_{23} particles', *Paper presented at 8th International conference on tribology,* Sinaia, Romania.

[12] Funabashi, M., 1997, 'Gradient composites of nickel coated carbon fibre filled epoxy resin moulded under centrifugal force', *Composites Part A,* Vol. 28, pp.731737.

[13] Radhika, N., Shivaram, P., e Vijaykarthik, K.T., 2015, 'Adhesive Wear Behaviour Of Aluminium Hybrid Metal Matrix Composites Using Genetic Algorithm', *Journal of Engineering Science and Technology,* Vol. 10, pp.258 - 268.

[14] Zhang, L., He, X. B., Qu, X. H., Duan, B. H., Lu, X., e Qin, M. L., 2008, 'Propriedades de desgaste por deslizamento a seco de compósitos SiCp/Cu de fração volumétrica elevada produzidos por infiltração sem pressão', Wear, Vol. 265, pp.1848-1856.

[15] Ashutosh Pattanaik, 2015, 'Dry sliding wear behavior of epoxy fly ash composite with Taguchi optimization', *Wear,* Vol. 11, pp.07-10.

[16] Basavarajappa, S., Chandramohan, G., 2005, 'Wear Studies on Metal Matrix Composites: a Taguchi Approach', *J. Mater. Sci. Technol.,* Vol. 21, pp. 01-06.

[17] Manivel, D., 2016, 'Otimização da rugosidade da superfície e do desgaste da ferramenta no torneamento duro de ferro dúctil austemperado (grau 3) utilizando o método Taguchi', *Measurement,* Vol. 06, pp.47-55.

[18] Sharma, S., Abed, W., Sutton, R., 2015, "Corrosion fault diagnosis of rolling element bearing under constant and variable load and speed conditions", *International Federation of Automatic Control, Vol.30,* pp.49-54.

[19] Young, C. K., e Wim, J. V. O., 1998 'Characterization of copper corrosion products formed in drinking water by combining electrochemical and surface analyses', *Corrosion Science,* Vol.33, pp. 1617.

[20] Frederico, A.P., Fernandes, Juno Gallego, 2015 'Wear and corrosion of niobium carbide coated AISI 52100 bearing steel', *Surface and Coating Technology,* Vol.15, pp.210-213.

[21] Ridvan, Y., e Erdem Karakulak, 2013, 'Effect of heat treatment on the tribological properties of Al-Cu-Mg/nano SiC composites,' *Materials and Design,* Vol. 49, pp.820-825.

[22] Wang, Y., Rainforth, W., Jones, M., Lieblich, H., 2001, 'Dry wear behaviour and its relation to microstructure of novel 6092 aluminium alloy-Ni3Al powder metallurgy composite', *Wear,* Vol. 251, pp.1421-1432.

[23] Guo, T., e Tsao, C. Y., 2000, 'Tribological behavior of self-lubricating aluminium/SiC/graphite hybrid composites synthesized by the semi-solid powder densification method', *Composite Science and Technolology,* Vol. 60, pp.65-74.

[24] Rajkumar, K., e Aravindan, S., 2011, 'Tribological performance of microwave sintered copper-TiC-graphite hybrid composites', Tribology International, Vol. 44, No. 4, pp.347-58.

[25] Sameezadeh, Emamy, M., e Farhangi, H., 2011, 'Effects of particulate reinforcement and heat treatment on the hardness and wear properties of AA 2024-$MoSi_2$ nanocomposites', *Wear,* Vol. 32, No. 4, pp.2157-2164.

[26] Venkat, P., Subramanian, S., Radhika, N., Anandavel, B., and Praveen, N., 2011, 'Influence of Parameters on the Dry Sliding Wear Behaviour of Aluminium, ash/Graphite Hybrid Metal Matrix, Composites', *European Journal of Scientific Research,* Vol. 53, No. 2, pp.280-290.

[27] Metin, K., 2011, 'Computational investigation of testing parameter effects on abrasive wear behaviour of Al2O3 particle-reinforced MMCs using statistical analysis', *International Journal of Advanced Manufacturing Technology,* Vol. 52, pp.207-215.

[28] Malas, J. C., Venugopal, S., e Seshacharyulu, T., 1978, 'Effect of microstructural complexity on the hot deformation behavior of aluminum alloy 2024', *Material Science and Engineering A,* Vol. 368, pp.41-47.

[29] Ferhat, G., e Mehmet, A., 2004, 'Effect of the reinforcement volume fraction on the dry sliding wear behaviour of Al-10Si/SiCp composites produced by vacuum infiltration technique', *Composite Science and Technology,* Vol. 64, pp.59-66.

[30] Devaraju, A., Kumar, A., Kumaraswamy, B., and Kotiveerachari, 2013, 'Influence of reinforcements (SiC and Al O_{23}) and rotational speed on wear and mechanical properties of aluminum alloy 6061-T6 based surface hybrid composites produced via friction stir processing,' *Tribology International,* Vol. 51, pp.331-341.

[31] Radhika, N., e Raghu, R., 2015, 'Evaluation of dry sliding wear characteristics of LM-13 Al/B4C composites', *Tribology in Industry,* Vol. 37, No. 1, pp.20-28.

[32] Karamis, B., e Fehmi, N., 2010, 'An investigation of the tribological interaction between die damage and billet deformation during MMC extrusion', *Tribology International,* Vol. 43, No. 1, pp.347-355.

Printed by Books on Demand GmbH, Norderstedt / Germany